발도르프학교의 식물학 수업

Botany © 2005. Estate of Charles Kovacs
All rights reserved, Korean translation © 2025. by Green Seed Publications.

이 책의 한국어판 저작권은 [사] 발도르프 청소년 네트워크 도서출판 푸른씨앗에 있습니다. 저작권법에 따라 한국 내에서 보호를 받는 저작물이므로 무단 전재와 복제를 금합니다.

발도르프학교의 식물학 수업

찰스 코박스 지음   홍정인 옮김

1판 1쇄   2025년 7월 7일

| 펴낸이 | [사] 발도르프 청소년 네트워크 도서출판 푸른씨앗 |

편집 백미경, 최수진, 안빛 | **디자인** 유영란, 문서영
번역 기획 하주현, 권미희 | **마케팅** 남승희, 이연정 | **운영 지원** 김기원
등록번호 제 25100-2004-000002호   **등록일자** 2004.11.26.(변경 신고 일자 2011.9.1.)
주소 경기도 의왕시 청계로 189   **전화** 031-421-1726   **페이스북** greenseedbook
카카오톡 @도서출판푸른씨앗   **전자우편** gcfreeschool@daum.net

www.greenseed.kr

 @greenseed_book

값 16,000원
ISBN 979-11-86202-94-4
ISBN 979-11-86202-92-0(세트)

발도르프학교의
식물학 수업

찰스 코박스 지음
홍정인 옮김

도서출판
프리씨앗
푸른씨앗

차례

책을 내며　　　　　　　　　　6
5학년을 위한 식물학 수업　　　8

{{{ 식물 가족 }

01 아버지 해와 어머니 땅 사이의 식물 13

02 민들레 17

03 균류 21　　**04** 조류 27　　**05** 지의류 31

06 이끼 35　　**07** 양치식물 39

08 침엽수 43　　**09** 나무와 땅 47

10 꽃식물 51　　**11** 하등 꽃식물과 고등 꽃식물 55

12 꽃 59　　**13** 꽃가루 63

14 꽃과 나비 67　　**15** 애벌레와 나비 71

16 튤립 75　　**17** 씨앗과 떡잎 79

18 장미 83　　**19** 장미가족 87

20 야생 양배추 91　　**21** 쐐기풀 95

{ 다양한 쓰임새가 있는 식물들 } } }

22 유럽 참나무 99 **23** 자작나무 105 **24** 야자나무 109
25 차와 설탕, 커피 113
26 풀과 곡물 119 **27** 잎과 꽃 125
28 꿀벌 131 **29** 벌집 135 **30** 꿀벌과 인간 141

책을 내며

찰스 코박스 *Charles Kovacs*는 에든버러에 있는 '루돌프 슈타이너 학교'에서 교사로 오랫동안 재직했습니다. 루돌프 슈타이너[*]의 교육학적 사상과 통찰에 힘입어 설립된 이 발도르프학교의 교과 과정은 아이들에게 단순한 지적 발달보다 훨씬 더 많은 것을 일깨우고자 합니다. 발도르프학교에서는 성장기 아이가 각자의 인간적이고 정신적인 잠재력을 온전히 발달시키도록 돕는 전인적 교육을 추구합니다.

학생들에게 수업한 내용을 매일 자세히 기록한 찰스 코박스의 수업 노트는 에든버러를 비롯한 여러 지역의 발도르프학교 교사들에게 수년에 걸쳐 활용되며 가치를 인정받고 있습니다. 그 수업 노트를 토대로 한 이 책은 한 교사가 특정 학교의 아이들에게 수업한 한 가지 방식을 보여 줍니다. 이 자료를 활용하는 다른 교사들은 자신만의 수업 방식을 발견할 수 있기를 바랍니다.

[*] 루돌프 슈타이너 Rudolf Steiner(1861~1925)_ 정신세계와 영혼 세계를 물체 세계와 똑같이 중시하는 <인지학>의 창시자로 철학적, 인지학적 정신과학을 기반으로 실생활에 적용할 수 있는 학문 분야를 개척했다. 인지학을 근거로 하는 실용 학문에는 인지학적 의학, 발도르프 교육학, 생명역동농법, 동작 예술인 오이리트미 등이 있다.

이 책을 시작하는 '5학년을 위한 식물학 수업'은 5학년에 배우게 될 식물학에 관해 찰스 코박스가 학부모들에게 직접 설명한 내용을 토대로 작성되었습니다.

2005년, 에든버러에서
아스트리드 매클린Astrid Maclean

5학년을 위한 식물학 수업

찰스 코박스

우리가 10~11살 아이의 발달 단계를 살펴보고자 할 때 인류 역사의 발달을 함께 보는 것이 도움이 됩니다.

오늘날 우리가 그렇듯 인간이 언제나 논리적으로, 지적으로 사고해 왔다고 여긴다면 그것은 착각일 것입니다. 우리가 아는 논리적 사고, 이른바 과학적 탐구가 인류 역사에서 시작된 정확한 시기가 있습니다. 바로 그 시기에 합리적 사고, 추론, 분석이 등장했습니다. 합리적·논리적 사고 능력은 고대 그리스 시대, 그러니까 소크라테스, 플라톤, 아리스토텔레스와 같은 그리스 철학자들이 활동한 시대에 최초로 출현했습니다.

그보다 오래된 여러 문명(인도, 바빌로니아, 이집트, 심지어 철학의 시대 이전인 고대 그리스조차)은 다른 능력을 키웠습니다. 인도, 바빌로니아, 이집트에서 **신화**는 지금의 우리에게 과학적 설명이 타당한 것만큼이나 세계, 즉 자연 현상에 관한 타당한 설명이었습니다. 신화, 그러니까 신과 영웅과 괴물 이야기는 그저 제멋대로 펼쳐진 공상이 아닙니다. 진정한 고대 신화는 시적 상상력을 품고 있을 뿐 아니라 나름의 논리를 갖고 있습니다. 고대 문명에서 환상과 논리라는 두 능력은 아직 분리되지 않은 하나의 단일체였습니다. 역사의 특정한 순간에 그리스 철학자들, 그러니까 최초로 합리적·논리적 사상가들이 등장했고, 바로 그때 환상과 논리가 분리되고 논리가 인간 정신의 개별적이고 독립적인 기능이 된 것입니다. 이 시기는 시가 독립적인 예술 형태로 등장한 시기이기도 합니다.

인간의 역사라는 거시적 관점에서 발생한 사건은 개별 인간의 발달에서도 나타납니다. 개인의 생애에서도 10~11살 무렵에 환상과 논리가 서로 독립하는 거대한 분리를 겪기 시작합니다.

한 가지 예를 들면 이 거대한 분리는 호기심의 형태로 나타납니다. 어떤 아이들은 사실에 매혹됩니다. 이 아이들은 과학이나 지리학, 역사 등 모든 종류의 사실에 매혹되지요. 하지만 이러한 거대한 분리는 다른 형태로도 나타납니다. 어떤 아이들은 논쟁적으로 변하지요. 이 아이들은 그저 논쟁을 위한 논쟁을 즐깁니다. 하지만 이 아이들에게 논쟁은 사실 새로 발견한 장난감에 지나지 않습니다. 이 아이들은 새 장난감을 갖고 노는 것이 재미있는 것입니다.

이 발달 단계에서 나타나는 또 다른 양상은 아이가 자기 자신의 개성을 더욱 강하게 느낀다는 것입니다. 이 시기의 아이들은 곧잘 "나는 이게 좋아요."나 "나는 저건 싫어요."라고 하고 여기에는 전과는 다른 새로운 강조가 실려 있습니다. 이보다 더 어린 아이들이 "좋아", "싫어"라고 하는 것과는 완전히 다르지요.

이 시기의 아이들은 짓궂은 장난도 다른 양상을 보입니다. 더 어린 아이들이 장난을 치는 이유는 그저 안 그러고는 못 배기기 때문이지요. 그저 스스로 통제할 수 없는 충동을 따를 뿐입니다. 반면에 10~11살 아이들이 치는 장난은 그보다 훨씬 더 의도적입니다. 마치 과학적 실험과도 비슷하지요. "어느 정도까지 장난을 쳐도 괜찮을까?" "어디까지 가도 될까?"를 궁금해합니다. 그리고 이 모든 것은 **깨어남**의 과정과 연결되어 있습니다. 논리와 환상의 길이 갈라지면서 논리가 등장한 것이 깨어남입니다. 아이는 의도적인 장난, 논쟁, 자기 존재의 중요성에 대한 강화된 느낌, 호기심 등 이 모든 것에서 깨어남을 경험합니다. 이것은 마치 꿈에서 깨어나는 것과 비슷합니다.

그런데 여기서 우리가 한 가지 명심해야 할 것이 있습니다. 이 단계는 분리 과정의 시작에 불과하다는 것입니다. 이 과정은 아직 완료되지 않았습니다. 만일 이 과정에서 여러분이 아이에게 **그저** 사실만을, 과학이나 지리학의 사실만을 있는 그대로 전달한다면, 여러분은 그 아이의 내면에서 일어나는 성장과 발달을 사실상 돕지 못하고 있는 것입니다. 이 아이들은 사실이 필요하고 사실을 원하지만, 그러한 사실들은 여전히 느낌 즉 환상, 아이들의 내면에 있는 시적 느낌을 만족시키는 방식으로 연결되어야 합니다. 만일 아이들에게 있는 그대로의 사실만을 전달한다면, 아이들이 가진 환상과 상상 그리고 근원적 창조력은 죽거나 시들고 맙니다.

그래서 이 책에 제시된 식물학 수업은 본문의 방식을 따르게 되었습니다. 식물들은 진화적 체계의 순서에 따라 제시됩니다. 씨앗이 없는 하등 식물인 균류와 조류로 시작해 꽃식물, 꽃, 꽃가루로 나아갑니다.

그렇지만 아이들에게 진화 체계나 하등 또는 고등 식물이라는 개념은 그다지 의미가 없습니다. 식물 집단의 진화와 자기 자신의 발달을 비교하는 방식으로 진화의 개념을 가깝게 느끼도록 해 주어야 합니다.

이 책에서는 균류를 젖먹이에, 조류를 이제 막 걸음마를 시작한 아기에, 외떡잎식물을 이제 막 학교에 입학한 저학년 아이에 비유합니다. 이러한 비유를 통해 아이들에게 진화(저는 정작 이 단어를 언급하지 않습니다)의 개념을 접하게 합니다. 그렇게 해서 아이들은 스스로 자기 자신의 진화를, 자기 자신의 발달을 깨닫지요. 그러면 아이들에게 이제 진화는 그저 알고 있는 어떤 것이 아닌 **느낄** 수 있는 어떤 것이 됩니다. 물론 이러한 비유에는 상상의 요소가 담겨 있습니다. 이 비유들은 시적 비유이지만, 이 연령의 아이들에게 여전히 필요한 것이 바로 이 시적 비유입니다.

아울러, 과학 교과 과정에서 식물학 수업이 차지하는 위치에 관해서도 말씀을 드리겠습니다. 우리는 과학 교육에서도 지리학 교육에서와 같은 절차를 취합니다. 지리학을 공부할 때는 우리에게 가장 가까운 장소에서 시작해 점점 더 먼 장소로 나아갑니다. 내가 사는 도시에서 시작해 내가 사는 나라를 거쳐 이웃 나라들에 관해 배운 다음 내가 사는 대륙과 다른 대륙들로 나아가지요. 과학 교육은 9~10살(4학년)에 인간과 가장 가까운 동물계로 시작합니다. 이어 10~11살(5학년)에 식물계를 다룹니다. 광물계, 즉 지질학과 기초 물리학은 11~12살(6학년)에 접합니다. 물리학과 화학은 12~14살(7학년과 8학년)에 접합니다. 우리의 감각과 가장 떨어져 있는 역학은 14살(8학년)에 배웁니다.

{ 식물 가족 **01-21** }

아버지 해와 어머니 땅 사이의 식물 01

추운 날이 유난히 길게 이어지는 겨울에는 사람들만 힘든 것이 아닙니다. 식물 세계와 동물 세계도 힘겨운 시간을 보냅니다. 새들은 평소보다 둥지를 늦게 틀고 마당과 들판과 언덕과 냇가의 꽃과 나무는 모두 따뜻한 햇볕을 기다립니다. 땅속에도 해의 빛과 온기를 기다리는 씨앗들이 있습니다. 미처 다 헤아릴 수 없을 만큼 많은 그 씨앗을 떠올려 보세요.

눈과 얼음 그리고 차가운 바람이 찾아드는 추운 계절이지만 안전하게 땅속에 자리해 있는 수없이 많은 씨앗을 상상해 보세요. 그리고 잠시 각각의 씨앗이 작은 빛이라고 상상해 보세요. 우리가 땅속을 볼 수 있다면 마치 땅속에 수백만 개의 별이 있는 것처럼 보이겠지요. 겨울에 땅은 별이 총총한 하늘처럼 보일 것입니다.

우리는 어떤 것을 이해하려고 애쓰다 불현듯 그것을 깨달으면 '알았다!'라고 느낍니다. 그럴 때는 우리 안에 갑작스러운 불꽃이 일어나는 것 같지요. 이러한 불꽃을 느낄 때가 생각을, 진짜 생각을 하는 것입니다.

정말로 주의를 기울일 수 있다면 낮에도 계속해서 우리 안에 이러한 불꽃이 있을 것입니다. 다만, 그러려면 우리는 정말로 깨어 있어야 합니다. 진정으로 주의를 기울일 때, 정말로 깨어 있을 때 우리는 수백만 개의 불꽃을 품은 겨울의 땅과 같습니다. 우리는 겨울에 더 깨어 있고, 기나긴 여름의 온기 속에서는 더 잠들어 있습니다.

그러면 여름은 어떤 계절일까요? 여름에는 모든 꽃이 땅에서 나와 해의 빛과 온기를 향해 자랍니다. 땅속에는 더는 '별들'이 없습니다. 예쁜 색깔로 활짝 핀 꽃들은 밖에 나와 빛과 공기 안에 자리합니다.

우리는 이것을 잠에 비유할 수 있습니다. 우리는 잠들 때 생각들이 정말로 사라지는 것을 느낄 수 있습니다. 잠들 때 생각들이 사라지는 것은 다행스러운 일입니다. 만일 생각이 계속 여러분과 머문다면 여러분은 절대 잠들 수 없을 테니까요.

사람들은 이따금 걱정이 있을 때 잠들지 못합니다. 생각하는 어떤 것이 성가시게 굴기 때문에 잠들지 못하는 것이지요. 그러니 우리가 자고 싶을 때 생각이 사라지는 것이 얼마나 중요한지 알 수 있겠지요?

하지만 이때 생각들은 사실 완전히 떠나는 것이 아닙니다. 우리가 진정으로 이해한 것은 다음날 다시 돌아옵니다. 밤 동안 그 생각은 우리 안에 있지 않습니다. 안 그러면 우리는 잠들 수 없을 테니까요. 어쨌든 우리가 잘 때 그 생각은 우리 **바깥**에 있습니다. 마치 여름에 꽃들이 땅 밖으로 나오는 것과 같지요.

사람이 잘 때 그 사람의 생각을 우리가 꽃을 보듯 볼 수 있다면 그 광경은 얼마나 멋질까요! 지혜롭고 아름다운 생각을 품은 사람은 장미와 백합에 둘러싸이겠지요. 그리 영리하지 못한 생각은 버섯처럼 보일지도 모르겠습니다. 다정한 생각은 제비꽃처럼 향기롭고 심술궂은 생각은 쐐기풀처럼 따가울 겁니다.

그러나 생각을 눈으로 볼 수는 없습니다. 하지만 이제 우리는 누군가가 잠들면 그 사람이 깨어 있는 동안 어떤 생각을 품었든 그 생각은 그 사람의 바깥에 나와 있다는 것을 알 수 있습니다. 잠들어 있을 때 우리는 여름의 땅과 같습니다. 깨어 있을 때 우리는 겨울의 땅과 같습니다.

우리는 봄에 모든 식물이 자라기 시작한다는 것을 압니다. 하지만 식물은 우리 눈에 보이는 땅 위로만 자라지 않습니다. 식물은 땅 밑으로도 자랍니다. 식물의 한 부분(줄기, 초록 잎, 꽃)은 빛을 향해 자랍니다. 이 부분은 빛을 사랑하고, 빛이 필요하며, 빛이 없으면 자라지 못하고 결국 죽습니다.

반면에 식물의 다른 한 부분인 뿌리는 어둠 속으로, 땅속으로 깊이깊이 자랍니다. 이 부분은 어둠을 사랑하고, 어둠이 필요합니다. 혹여 어느 식물의 뿌리가 빛에 노출되면(이를테면 누군가 땅에 구멍을 내어서 빛이 뿌리에 닿으면) 그 뿌리는 죽고 결국에는 식물 전체가 죽고 맙니다.

    식물에게는 해의 빛과 온기가 필요한 만큼 땅의 어둠도 필요합니다. 겨울에는 땅이 더 강하고 여름에는 해가 더 강하지만, 뿌리는 여름에도 땅의 어둠을 향합니다. 식물은 해와 땅의 자식입니다. 사람에게 아버지와 어머니가 있듯이 식물도 어머니 땅과 아버지 해가 있습니다. 식물들은 해와 땅 사이에서 삶을 살아갑니다.

민들레 02

　봄과 여름에 들판을 걸을 때 흔히 마주치는 평범한 야생화가 있습니다. 이 야생화를 보면 우리는 곧장 꺾어서 훅 불고 싶어지지요. 훅 입바람을 불면 작고 하얀 별들이 떨어져 나와 사방으로 날아갑니다. 네, 이 식물은 민들레입니다.

　그런데 여러분이 이 들판을 몇 주 전에도 걸었다면 그때 민들레는 퍽 다르게 보였을 겁니다. 그때 민들레는 사방으로 흩어지는 작은 별들 대신 샛노란 황금빛 꽃잎이 수없이 달려 있었겠지요. 민들레의 황금빛 꽃은 작은 해처럼 생겼습니다. 그리고 민들레의 황금빛 꽃은 해를 사랑합니다. 그래서 민들레꽃은 해가 떠 있을 때만 핍니다. 해가 진 다음이나 구름이 하늘을 뒤덮어 침침

한 날에는 꽃잎을 오므린 것을 볼 수 있습니다. 민들레는 해가 있을 때만 꽃봉오리를 활짝 열고 밤이나 흐린 날에는 오므립니다.

우리는 바람에 흩날리는 작은 별들을 만나기 전에, 그에 앞서 해를 반기는 샛노란 황금빛 꽃을 만납니다. 그리고 이보다도 더 앞선 시기에 우리는 들판에서 그저 민들레의 초록 잎만을 만납니다. 민들레의 초록 잎은 신기하게 생겼습니다. 가장자리가 뾰족뾰족하지요. 사람들은 끝이 뾰족뾰족한 잎의 가장자리가 사자의 이빨을 닮았다고 생각했습니다. 프랑스어로 사자의 이빨은 '당들리옹dents de lions'입니다. 그렇게 해서 민들레의 영어 이름은 '덴들라이언dandelion'이 되었지요.

이렇게 우리는 꽃 하나가 세 단계를 거치는 것을 볼 수 있습니다. 처음에 민들레는 그저 초록색 잎이었다가 나중에는 황금빛 꽃이 되고 그다음에는 열매가 됩니다. 사방으로 날아가는 하얀 별들이 바로 민들레의 열매입니다.

이제 민들레가 어떻게 초록색 잎에서 꽃으로 바뀌고 그다음에는 열매로 바뀌는지 보겠습니다.

한해가 시작되고 얼마 지나지 않아 초록빛 사자 이빨 잎이 모습을 드러냅니다. 아직은 날씨가 그리 따뜻하지 않습니다. 해의 온기와 빛이 그리 강하지 않은 때입니다. 하지만 이때 민들레가 땅을 뚫고 나올 수 있게 도와주는 다른 어떤 것이 있습니다. 이것은 언제나 우리 주변에 있지만 우리는 바람이 불 때만 이것을 느낄 수 있습니다. 이것은 공기입니다. 해의 빛과 더불어 공기가 초록색 잎을 만듭니다.

그러다 날씨가 점차 따뜻해지고 열기가 강해집니다. 해의 온기와 빛이 잎에서 일을 하면 맨 위쪽의 잎은 이제 더는 초록색을 띠지 않습니다. 이 잎들은 샛노란 황금빛 꽃잎으로 바뀝니다. 그러니 민들레꽃이 해를 따르는 것은 조금도 놀라운 일이 아닙니다. 민들레는 해가 뜨면 꽃잎을 펼치고 어두워지면 꽃잎을 오므립니다. 이것은 당연한 일입니다. 해의 온기가 민들레의 노란색 꽃잎을 만들었으니까요.

그런데 해는 꽃잎에만 온기를 주는 것이 아닙니다. 해는 식물이 자라는 땅에도 온기를 줍니다. 따뜻한 날 돌멩이에 몇 시간이고 햇볕이 내리쬐는 장면을 상상해 보세요. 당연히 돌멩이는 따뜻해지겠지요. 이때 돌멩이에 손을 대면 돌멩이에서 나오는 해의 온기가 느껴질 것입니다.

그런데 식물이 자라는 땅 전체도 돌멩이 하나와 똑같은 일을 합니다. 다만 시간이 훨씬 더 오래 걸릴 뿐이지요. 해의 온기는 땅 속 깊이(수 미터 깊이까지) 들어갔다가 땅 바깥의 공기 중으로 되돌아옵니다. 돌멩이에서 온기가 되돌아오는 것을 우리가 느낄 수 있는 것처럼요. 하지만 땅에서 온기가 되돌아오기까지는 훨씬 더 오랜 시간이 걸립니다. 짧게는 며칠에서 길게는 몇 주까지 걸리지요. 그리고 이 온기는 그리 강하지 않기 때문에 우리는 이 온기를 알아채기가 쉽지 않습니다.

하지만 땅에서 되돌아온 온기는 식물에게는 실제적이고 아주 중요한 역할을 합니다. 땅에서 되돌아온 온기는 열매를 만듭니다. 민들레의 경우, 우리가 훅 불면 날아가는 작은 '별들'이 열매라고 했습니다.

그러니까 공기와 빛이 초록색 잎을 만드는 동안에는 해가 아직 약합니다. 그러나 점점 더 강해지는 해의 열기는 마침내 색깔이 고운 꽃잎을 만들어 냅니다. 이후 해의 열기는 점차 약해지지만, 땅에서 되돌아온 온기가 민들레의 열매를 만듭니다. 바로 사방으로 날아가는 작은 별들이지요.

땅에서 되돌아온 온기는 꽤 오래가서 무려 겨울까지 이어집니다. 인간은 땅에서 다시 나온 온기를 좀처럼 알아채지 못하지만, 겨우내 민들레의 초록색 잎은 반듯하게 서지 않고 평평하게 누운 채 땅으로부터 온기를 얻습니다. 이렇듯 땅에서 되돌아온 온기는 민들레 잎에게 실제적이고 아주 중요합니다.

그러므로 우리에게는 초록 잎을 위해서는 공기와 빛이, 꽃을 위해서는 해의 온기가, 열매를 위해서는 땅에서 되돌아오는 열, 즉 땅이 반사하는 온기가 있습니다.

땅속의 뿌리는 어떨까요? 뿌리는 물의 도움을 받습니다. 식물에게 물을 줄 때는 잎이나 꽃에 부려 봐야 별 소용이 없다는 것을 여러분은 잘 알고 있겠지요. 잎이나 꽃은 물을 받아들이지 못합니다. 식물은 필요한 물을 오로지 뿌리를 통해서만 빨아들일 수 있습니다. 그래서 식물에게 물을 줄 때는 식물 주변의 땅을 적셔야 합니다. 물은 제일 먼저 뿌리로 가고 뿌리를 통해 잎과 꽃으로 이동합니다.

이렇게 공기와 온기, 그리고 땅과 물은 힘을 합해 식물에게 땅 위에서는 잎과 꽃과 열매를, 아래에서는 뿌리를 자라나게 합니다.

균류   **03**

　식물이 성장할 때는 4가지 요소가 각자의 역할을 합니다. 4가지 요소란 뿌리를 만드는 물, 잎을 만드는 공기, 꽃을 만드는 햇볕, 열매를 만드는 땅이 되보낸 열입니다. 그런데 식물이라고 해서 잎이나 꽃, 열매를 전부 갖는 것은 아닙니다. 심지어 뿌리가 없는 식물도 있습니다. 제대로 된 뿌리나 잎, 꽃, 열매가 없는 식물은 많습니다.

　앞서 우리가 어떤 것을 정말로 이해한다는 것은 마치 우리 내면에 빛이 생기는 것과 같다고 했지요. 우리가 자라면서 점점 더 많은 것을 배우면 이러한 내면의 빛은 갈수록 더 많아집니다. 그래서 우리는 갈수록 더 많은 것을 알고 이해하게 됩니다. 식물들은 내면의 빛이 없는 대신 바깥에서 즉 해에게서 빛을 얻습니다. 햇빛 역시 지혜로 가득 차 있습니다. 사람이 자기 내면의 빛으로부터 배우듯, 자연의 존재인 식물은 햇빛으로부터 배웁니다.

뿌리, 줄기, 잎, 꽃, 열매를 모두 갖춘 식물인 민들레나 장미(장미도 열매가 있습니다)는 식물이 배울 수 있는 모든 지혜를 배웠습니다. 반면에 잎이나 꽃, 열매가 없는 식물은 배움을 충분히 얻지 못했습니다. 햇빛으로부터 충분한 배움을 얻지 못한 식물은 무엇이 있을까요?

열 살이나 열한 살이 된 여러분은 글을 읽고 쓸 수 있고 셈을 할 수 있습니다. 여러분이 유치원에 다닐 때는 이런 것을 하지 못했어요. 그보다도 더 어릴 때는 아주 작은 꼬마였지요. 그때는 유치원에 다닐 만큼 영리하지도 못했습니다. 그리고 그보다도 더 전에는 이제 겨우 걸음마를 시작한 아기였습니다. 그리고 그보다도 더 전에 여러분은 말을 못 하고 우스꽝스러운 소리만 내고 걸을 수조차 없는 젖먹이 아기였습니다. 자그마한 팔다리를 꿈틀거릴 뿐이었지요.

식물 중에도 갓난아기 같은 식물이 있는가 하면, 젖먹이 같은 식물이 있고, 아주 작은 꼬마 같은 식물도 있습니다. 그리고 아름다운 꽃과 잎과 열매를 두루 갖춘 민들레나 장미 같은 식물도 있습니다. 이러한 식물은 꼭 어른 같지요.

여러분은 갓난아기였을 때 자신이 어땠는지 기억하지 못합니다. 아주 어린 아기는 하루 대부분을 잠을 자며 보내기 때문이지요. 아무도 자신이 잠들어 있는 시간을 기억할 수 없습니다. 사실 아기는 울거나 몸을 꿈틀대거나 젖을 먹을 때조차도 자신이 무엇을 하고 있는지 알지 못합니다. 갓난아기는 깨어 있는 상태보다는 잠들어 있는 상태에 더 가깝습니다.

갓난아기 같은 식물, 그러니까 깨어 있는 상태보다 잠든 상태에 더 가까운 식물이 버섯입니다. 식물학에서는 버섯을 '균류'라고 부릅니다.

갓난아기는 무엇을 하기 좋아할까요? 무엇보다 엄마 젖을 빠는 것을 좋아합니다. 밖에 나가 놀고 싶어 하지 않지요. 버섯 역시 확 트인 장소로 나가 햇볕을 쬐고 싶어 하지 않습니다. 버섯은 어두운 그늘을 좋아합니다. 그래서 버섯은 해가 들지 않는 축축한 그늘에서 자랍니다. 초록 잎과 꽃은 햇빛이 비치는 곳에서만 자랍니다. 그래서 잎과 꽃이 없는 버섯, 즉 균류는 식물 세계의 갓난아기입니다.

빛을 향해, 해를 향해 활짝 핀 꽃을 떠올려 보고, 버섯의 '갓'을 잘 살펴보면 여러분은 이것이 꽃과는 정반대라는 것을 알 수 있습니다. 버섯의 갓은 빛이 아닌 땅의 어둠을 향해 펼쳐져 있습니다. 진정한 꽃은 빛을 향해 고개를 들지만, 버섯의 갓은 빛을 피해 고개를 돌립니다.

갓의 안쪽 면을 살피면 '주름살' 사이에 고운 가루가 있습니다. 이 가루는 씨앗이 아닙니다. 씨앗은 해가 만드니까요. 꽃에서 볼 수 있는 고운 꽃가루도 아닙니다. 버섯 갓의 안쪽 면에서 떨어지는 이 작은 알갱이들을 우리는 '포자'라고 부릅니다.

포자가 바닥에 떨어져도 그곳에서 버섯이 곧바로 자라지는 않습니다. 사실 그와는 아주 다른 일이 벌어지지요. 포자에서는 아주 가느다랗고 흰 실이 자라납니다. 그리고 이 실로부터 또 다른 실이 자라나고, 다시 이 실로부터 또 다른 실이 자라납니다. 우리가 눈으로 직접 볼 수 있다면 이것은 마치 여러 가닥의 가느다란 실로 이루어진 나무처럼 보일 것입니다. 다만 이 나무는 땅속의 어둠 속에서 성장하고 몸을 뻗습니다.

여러 가닥의 희고 가느다란 실로 이루어진 이 나무가 바로 버섯 식물인데, 땅속의 이 작은 '나무'로부터 일종의 '열매'가 자라납니다. 사람들은 이 열매를 '자실체字實體'라고 부릅니다. 땅 위에서 자라는 버섯이 바로 자실체입니다. 버섯은 땅속에서 뒤얽혀 있는 여러 가닥의 흰 실로부터 자라난 이상한 종류의 '열매'입니다.

버섯을 따면 '밑동'에 작은 실들이 달린 것을 볼 수 있습니다. 이 실들은 뿌리가 아닙니다. 땅속에서 자라는 '나무' 또는 '식물'에서 떨어져 나온 것이지요. 사실 버섯은 뿌리가 없습니다. 버섯은 제대로 된 뿌리나 푸른 잎, 꽃이 없는 아기 식물이며, 버섯의 '갓'은 꽃과는 달리 빛을 피해 고개를 돌립니다.

'엄밀한 의미'에서 고등 식물은 햇빛에서 자라며 꽃과 열매를 모두 갖고 있습니다. 버섯은 꽃과 열매가 구분되지 않는 아기 식물입니다. 우리 눈에 보이는 버섯은 사실상 꽃이자 열매입니다. 하지만 이것은 해를 피해 고개를 돌리는 꽃이면서, 어둠 속에서 솟아나는 열매입니다. 해의 빛과 온기로 무르익는 열매가 아닙니다.

심지어 땅속에서 자라는 '버섯'도 있습니다. 바로 송로(버섯)입니다. 사람들은 송로를 먹고 싶어 합니다. 하지만 송로는 땅속에 있기 때문에 냄새를 잘 맡는 개(아주 가끔은 돼지)를 이용해 찾아내지요. 개가 냄새를 맡고 흙을 파헤쳐 송로를 찾으면 사람들이 가로채 갑니다. 개는 늘 먹는 개밥에 만족해야 하지요.

우리는 버섯 즉 균류가 갓난아기처럼 '어머니 땅'에 착 달라

붙어 있는 모습을 볼 수 있습니다. 아기들은 아주 빨리 자랍니다. 여러분도 알고 있듯이 아기들은 세상에 태어나 처음 몇 개월 동안에 지금 여러분이 자라는 속도보다 훨씬 더 빠른 속도로 자랍니다. 이것은 식물 세계의 아기인 균류에게도 마찬가지입니다. 균류는 아주 빨리 자랍니다. 한바탕 비가 쏟아지고 나면 그전에 아무것도 없던 땅에 버섯들이 몇 센티미터 높이로 훌쩍 자라 있는 것을 볼 수 있습니다. 꽃은 절대로 그렇게 빨리 자라지 않습니다.

꽃은 햇빛으로부터 색색의 꽃잎과 달콤한 향기를 만드는 방법을 배웁니다. 버섯은 꽃잎도 달콤한 향기도 없습니다. 버섯은 햇빛으로부터 배움을 얻지 않은 채 언제까지나 갓난아기로 머뭅니다.

조류   **04**

　　지난 시간에 배워 알고 있듯이 버섯, 그러니까 균류는 식물 세계의 아기들입니다. 햇볕을 쬐러 나오는 다른 식물들과 달리 버섯은 유아기 단계를 벗어나지 않습니다. 기억하세요. '진짜' 식물로서의 균류는 땅속의 어둠에 머무릅니다. (꽃이자 열매인) 자실체만 땅 위로 올라오는데 이 자실체마저도 그늘을 좋아합니다.

　　이제 우리는 다른 종류의 식물을 만납니다. 깨어 있을 때보다 잠든 때가 더 긴 젖먹이 아기와 비교도 할 수 없는 식물이지요. 이번에는 아기가 세상에 태어나서 처음으로 말하고 두 발로 똑바로 서기 시작하는 때를 떠올려 봅시다. 여러분도 알다시피, 두 발로 똑바로 서는 것은 꽤 대단한 기술입니다.

여러분은 세상에 태어나서 처음으로 말하고 처음으로 두 발로 서려고 노력하던 때를 좀처럼 기억하지 못합니다. 지금 그 당시를 기억할 수 없는 것은 여러분이 그때도 충분히 깨어 있는 상태가 아니었기 때문입니다. 그전에 비하면 더 깨어 있었지만 여전히 아주 많이 깨어 있는 상태는 아니었습니다. 그렇지만 여러분은 그 단계를 거치고 있는 동생들을 본 적이 있을 겁니다.

사람처럼 걷거나 말하지는 않지만 균류보다 식물의 지혜를 좀 더 많이 가진 식물이 있습니다. 균류보다 한 단계 더 나아간 식물인 것이지요. 그러면 식물의 지혜에서 첫 단계는 무엇일까요? 그러니까 균류가 이르지 못한 식물의 첫 단계는 과연 무엇일까요? 버섯에게 없는 것 중에 무엇이 가장 먼저 떠오르나요? 버섯에게는 잎이, 초록색 잎이 없습니다.

우리가 다음에 볼 식물은 잎이 있습니다. 이 식물의 잎은 항상 초록색을 띠지는 않습니다. 갈색이나 노란색, 빨간색을 띨 수도 있어요. 그렇기는 해도 그것들은 분명 잎입니다. 여러분은 혹시 거센 바람이 지나간 후에 바닷가에 가 본 적이 있나요? 그렇다면 틀림없이 해초의 기다란 줄기와 잎을 보았을 겁니다. 해초의 잎과 줄기는 육지 식물과 퍽 달라 보인다는 것도 여러분은 기억하겠지요. 해초의 줄기와 잎은 힘이 없습니다.

식물학에서 해초를 부르는 정식 이름은 조류입니다. 조류의 줄기와 잎은 똑바로 설 수 없습니다. 민들레 잎과 달리 조류의 줄기와 잎은 땅에서 혼자 일어설 수 없어요. 이렇게 해초, 즉 조류는 마른 땅에서는 바로 설 수 없습니다. 하지만 물이 사방에서 일으켜 주면 똑바로 섭니다.

아기가 처음 서기 시작할 때 엄마 아빠의 손이나 다른 것을 잡습니다. 해초 즉 조류도 물속에서 자라면서 물의 도움을 받아 일어섭니다. 하지만 마른 땅에서는 주저앉고 맙니다. 그래서 조류는 일어서려면 아직 누군가의 도움이 필요한 단계의 아기라는 것을 알 수 있습니다. 조류는 평생 이 단계에 머뭅니다. 버섯이 갓난아기 단계에 평생 머무는 것처럼요.

'식물의 지혜'를 조류는 얼마나 많이 배웠을까요? 딱 잎이 있는 만큼만입니다. 햇빛은 조류에게 잎을 만들라고 가르쳤습니다. 조류는 꽃이 없습니다. 실은 진짜 줄기도 없습니다. 조류의 줄기처럼 보이는 것은 사실상 잎의 좁은 부분일 뿐입니다. 진짜 줄기는 줄기를 만드는 태양 광선을 닮아 반듯하게 섭니다. 반면에 조류의 잎과 줄기는 그저 물속에 떠 있을 수만 있어요.

조류는 줄기와 꽃이 없을 뿐만 아니라 제대로 된 뿌리도 없습니다. 진짜 뿌리는 강하고 단단하며 땅속 깊이 뻗어 나갑니다. 해초가 붙어 있는 바닷속을 잘 살펴보면 그곳에서는 해초의 뿌리가 아니라 잎의 일부가 암석을 붙들고 있습니다. 그러니 폭풍이 몰아치면 조류가 바닥에서 뜯겨 나가 바닷가에 무더기로 내던져지는 것은 하나도 놀라울 것이 없지요. 조류는 자기를 단단하게 붙들어 줄 진짜 뿌리가 없으니까요.

해초는 종류가 다양합니다. 조류가 자라는 바닷속에 직접 들어가거나 물이 맑은 날 바닷속을 들여다보면 거기에는 마치 동화에나 나올 법한 신기한 식물들의 숲과 정원과 풀밭이 펼쳐져 있습니다. 이 동화에 나올 법한 식물들 가운데 어떤 것은 마치 나무나 신기한 꽃 또는 열매처럼 보일 겁니다. 하지만 그것은 나무도,

꽃도, 열매도 아닙니다. 앞에서 이야기했듯이 조류에게는 오로지 잎밖에 없습니다. 다만 일부 잎이 진짜 나무나 꽃, 열매를 흉내 내고 따라 합니다. 마치 이제 막 걸음마를 시작한 아기가 자기보다 나이 많은 형제나 부모님을 흉내 내고 따라 하는 것과 같지요.

마찬가지로 조류는 마른 땅에서 자라는 고등 식물을 흉내 냅니다. 진짜 꽃과 열매를 만들 힘은 없지만 고등 식물을 따라 합니다. 해초 즉 조류는 균류만큼 깊이 잠들어 있지는 않으며 빛을 사랑하기 때문입니다. 물론 물에서만 똑바로 설 수 있습니다. 그리고 해초의 스펀지 같은 감촉을 떠올려 보면 조류가 다른 식물 어린아이들과 퍽 다르다는 것을 알 수 있을 겁니다.

지의류 **05**

앞에서 우리는 균류와 조류라는 두 식물 가족을 살펴보았습니다. 균류를 깨어 있을 때보다 잠들어 있는 때가 더 긴 갓난아기와 비교했고, 조류는 이제 막 일어서서 걸음마를 배우기 시작한 어린 아기와 비교했습니다. 식물 세계의 이 어린 아기들은 다른 식물들이 만들어 내는 것들을 만들 줄 모릅니다. 다시 말해 균류에게는 잎, 꽃, 열매, 뿌리가 없습니다. 조류는 잎은 있지만 꽃, 열매, 뿌리가 없습니다. 조류라는 식물은 잎으로만 이루어져 있지요.

어린 아기가 더 자라면 똑바로 설 수는 있지만 몇 걸음밖에 걷지 못하고, 말을 할 수는 있지만 짧은 단어만 씁니다. 여러분은 기억하지 못할 수 있지만, 우리는 한때 '지리학'이나 '직사각형' 같은 어려운 단어는 말하지 못했습니다. 그때는 그저 작은 걸음을 내딛는 시기였어요. 몇 걸음 가다가 주저앉곤 했지만 스스로 해낸 일을 퍽 자랑스러워했습니다. 아울러 이때는 짧은 단어를 말하는 시기이기도 했습니다. 우리가 필요한 것을 얻기에는 그 정도만으로 충분했지요.

작은 걸음을 내딛고 짧은 단어를 말하는 시기의 아기를 닮은 두 식물 가족(지의류와 이끼)이 있습니다. 둘 다 몸집이 아주 작습니다. 그중 첫 번째는 오래된 돌과 바위, 나무껍질에서 흔하게 발견됩니다. 이 식물은 언뜻 보면 돌이나 나무껍질에 흩뿌린 회색이나 초록색 물감 같습니다. 하지만 가까이에서 살펴보면 사실 초록색이나 회색 비늘들이 돌이나 나무껍질을 뒤덮고 있음을 알 수 있습니다. 이 비늘들은 실은 아주 작은 잎입니다. 우리는 이러한 식물을 지의류라고 부릅니다. 나뭇가지에서 아래로 늘어지는 지의류도 있습니다. 이러한 지의류는 작은 줄기나 가지로 된 수염처럼 생겼습니다.

지의류는 신기한 어린 아기입니다. 좋은 흙에서는 자라지 못하고, 딱딱한 표면의 갈라진 틈새 또는 바위나 나무껍질에서만 자랍니다. 제대로 된 뿌리도 없어서 몸을 땅속 깊이 뻗지 못합니다. 햇빛이 지의류에게 작은 잎을 만드는 방법을 가르쳐 주었습니다. 하지만 조류와 달리 지의류는 물에서 살지 않습니다. 지의류의 잎들은 대체로 똑바로 서지 못합니다. 몇 장은 똑바로 서긴 하지만 그마저도 그저 살짝 몸을 세울 뿐이지요. 어떤 지의류는 줄기와 더 비슷하고, 어떤 지의류는 잎과 더 비슷합니다. 하지만 둘 다 꽃도 열매도 만들지 못합니다.

　뿌리는 어떨까요? '고등 식물'은, 그러니까 '어른'에 더 가까운 식물은 뿌리를 통해 물을 얻는다는 것을 여러분은 기억하고 있겠지요. 조류와 마찬가지로 지의류도 제대로 된 뿌리가 없습니다. 그저 작은 실들이 달려 있어서 바위에, 나무껍질에, 벽에 겨우 들러붙어 있지요.

　지의류는 어떻게 물을 얻을까요? 이 별나고 작은 식물은 고등 식물은 하지 못하는 일을 합니다. 지의류는 잎으로 물을 빨아들입니다. 비가 올 때나, 심지어 안개나 박무(옅은 안개)가 내려 공기가 눅눅할 때 지의류는 잎으로 물을 빨아들입니다.

　지의류는 아주 강인한 식물입니다. 물 없이도 수개월을 버틸 수 있어요. 먼지처럼 바싹 말라도 괜찮습니다. 지의류는 기다립니다. 그러다 오랜만에 비가 몇 방울 떨어지면 곧장 되살아나 다시 자라기 시작합니다.

　북극에 가면 수개월째 꽁꽁 언 채로 붙어 있는 다양한 지의류가 있습니다. 하지만 이 지의류는 얼음이 녹으면 행복하게 뻗어 나갑니다. 이렇게 굳센 지의류 중에 '사슴지의'라고 부르는 것이 있습니다. 회색을 띠는 사슴지의는 방석 모양으로 자라면서 단단히 얼어붙은 땅을 뒤덮습니다. 이름에서 알 수 있듯이 북극의 사슴은 길고 추운 겨울 동안 사슴지의를 먹이로 삼습니다.

　과학자들이 지의류에 관한 흥미로운 사실을 밝혀냈습니다. 지의류는 한 종류가 아니라 두 종류의 식물로 이루어져 있으며, 이 두 종류의 식물이 마치 한 몸인 양 가깝게 도우며 일한다는 것입니다. 둘 중 한 식물은 해의 영향을 받은 아기를 닮았습니다. 지의류의 작은 잎에서 초록색 부분을 이루고 있는 이 식물은 실은 조류의 일종입니다. 이 식물과 함께 사는 다른 식물은 땅의 젖먹이 아기인 작디작은 균류를 닮았습니다. 균류 부분은 돌이나 나무뿌리를 붙듭니다. 조류의 주변에서 자라면서 조류를 안전하게 감싸고 보호하지요. 조류는 해로부터 받은 영양분을 친구인 균류에게 나누어 줍니다. 둘은 이렇게 서로를 돕는 관계를 맺음으로써 혼자서는 결코 살 수 없는 환경에서도 잘 살아갑니다.

지의류는 어떻게 다른 곳으로 퍼질까요? 돌에서 자라는 지의류는 어디에서 왔을까요? 지의류는 먼지처럼 바스러지는 작은 잎으로 초록색과 회색빛의 고운 가루를 만들고, 바람과 비가 다른 돌이나 나무껍질로 이 가루를 옮겨 주면 작은 틈새로 들어가 자라나기 시작해요. 지의류에게는 진정한 씨앗이 없습니다. 지의류는 작디작지만, 강인한 식물입니다.

이끼 06

　균류는 갓난아기와 같았고, 조류는 일어서는 법을 배우는 젖먹이 아기 같았으며, 지의류는 걸음마를 떼기 시작한 어린 아기와 같았습니다. 이번에 만나게 될 식물도 어린 아기를 닮았습니다. 첫걸음을 내디디고 첫마디를 내뱉는 어린아이와 같지요. 이 식물도 작디작습니다. 어찌나 작은지 사람들은 흔히 이 식물이 있는지도 모르고 그냥 지나칩니다. 하지만 크고 작은 숲을 거닐 때 우리는 어김없이 이 식물과 마주치며 발밑에서 이 식물을 느낍니다. 이번에 만날 식물은 이끼입니다.

　이끼는 지의류와 마찬가지로 아주 작은 식물입니다. 다만, 지의류의 작디작은 잎은 특별한 모양이 없지만(지의류의 잎은 아무렇게나 그려 놓은 그림 같지요) 이끼는 작디작은 잎 하나하나가 온 정성을 기울여 만든 것처럼 생겼습니다.

　이끼를 자세히 관찰하면 수많은 개별 식물로 이루어져 있다는 것을 알 수 있습니다. 어떤 것은 작은 전나무처럼 생겼고, 어떤 것은 작고 둥근 잎이 달렸지요. 이끼는 종류가 매우 다양합니다.

　숲에서 고개를 들어 주변의 키 큰 나무들을 보면 우리는 나무의 종류가 매우 다양하다는 것을 알게 됩니다. 그런데 발밑에 깔린 이끼도 작디작은 숲을 이룹니다. 키 큰 나무들의 세계 못지

않게 경이로운 식물들의 세계가 통째로 거기에 있지요.

나무 한두 그루로는 숲을 이룰 수 없습니다. 숲을 이루려면 여러 그루의 나무가 필요해요. 이끼 덩어리는 모두 작은 숲입니다. 작디작은 이끼 식물은 언제나 이웃과 함께 자라며 작은 무리를 이룹니다. 그래서 숲에는 땅바닥에 이끼가 방석처럼 깔려 있습니다. 수천이나 되는 작은 이끼 식물들이 부드러운 방석을 이루고 있지요.

숲속의 키 큰 나무들은 땅바닥에 깔린 이 꼬마 나무 방석이 꼭 필요합니다. 부드러운 초록색 이끼 방석은 지의류와 똑같은 일을 합니다. 이끼는 스펀지처럼 물을 빨아들이고 머금습니다. 이 세상에 이끼가 없다면 비 온 뒤 빗물이 모조리 흘러가 버려 땅이 메마를 것입니다. 그러면 키 큰 나무의 뿌리는 충분한 물을 구할 수 없을 테지요. 하지만 부드러운 스펀지 같은 이끼 방석이 있어 땅은 축축함을 유지하고 키 큰 나무들은 필요한 물을 얻습니다. 그러므로 작은 이끼 식물은 자기만 아는 식물이 아닙니다. 이끼는 넉넉한 마음씨로 숲 전체를 돕습니다.

이끼는 초록색입니다. 이끼는 (조류와 지의류처럼) 식물의 첫 번째 지혜, 즉 초록색 잎을 만드는 지혜를 배운 것이지요. 그렇지만 이끼는 그늘에서 자랍니다. 그리고 어머니 땅 가까이에서 지냅니다. 이끼는 자신의 몸을 아주 조금 세웁니다. 줄기가 꼿꼿하지요. 그렇지만 튤립이나 민들레처럼 높이 일어서지 않습니다. 아직 식물 세계의 어린아이와 같기 때문입니다. 아울러 이끼는 그늘을 좋아하기 때문에 해는 이끼에게 많은 것을 가르쳐 줄 수 없습니다. 그래서 이끼 잎은 여전히 조그맣습니다. 하지만 이 작은 잎들은 누군가의 도움 없이도 스스로 몸을 일으킬 수 있습니다.

당연히 이끼는 진짜 꽃이나 열매가 없습니다. 하지만 열매와 꽃을 닮은 어떤 것이 있습니다. 줄기 끝에 달린 이끼 잎의 일부가 노랗게 변하는데 이것이 작은 꽃처럼 보이지요. 하지만 노랗게 변한 초록색 잎은 진짜 꽃이 아닙니다. 이 잎들은 그저 우리가 꽃잎이라고 부르는 특별한 잎입니다. 여러분은 양귀비가 씨를 담아 두는 작고 둥근 씨주머니를 본 적이 있나요? 이끼는 이것도 따라 하지만 이것 역시 양귀비의 씨주머니와 달리 진짜 열매는 아닙니다.

이끼는 잎으로 물을 받아들이기 때문에 뿌리가 필요 없습니다. 이끼에게는 진짜 뿌리 대신 짧고 가느다란 실뿌리가 있습니다. 우리는 이끼를 땅에서 쉽게 떼어 낼 수 있습니다. 땅을 붙들고 있는 것이라고는 가느다란 실들이 전부라서 아주 쉽게 뜯겨 나옵니다. 이끼는 이제 겨우 모양을 갖춘 뿌리를 갖고 있고 진짜 꽃과 열매를 흉내 냅니다. 이끼는 지의류처럼 식물 세계의 꼬마 식물입니다.

양치식물   **07**

　지금까지 우리는 식물 세계의 젖먹이와 걸음마를 시작하는 어린 아기들에 관해 이야기했습니다. 다른 식물로 넘어가기 전에 어린 아이가 자라면서 겪는 다음 단계를 이야기해 보겠습니다.

　태어나서 처음으로 말을 배우고 사람들이 자기를, 가령 '은수야'라고 부르는 것을 들을 즈음 어린아이는 "나는 이게 좋아요."라고 말하지 않습니다. 그보다는 "은수는 이게 좋아요."라고 말하지요. 어린아이는 나중에 커다란 깨달음을 얻은 뒤에야 자기 자신을 가리킬 때는 이름이 아니라 '나'라고 한다는 것을 알게 됩니다. 이것은 깨어남에서 아주 중요한 단계입니다. 어쩌면 이것은 여러분이 기억할 수 있는 가장 어린 시절의 사건일지도 모르겠습니다. 최초의 깨어남은 우리가 스스로를 이름이 아니라 '나'라고 부를 때를 즈음하여 일어납니다.

이것은 깨어남에서 대단히 중요한 단계입니다. 사람은 성장하는 동안 내면에서 갈수록 더 많은 것이 깨어납니다. 심지어 지금도 여러분은 작은 일부만이 깨어 있습니다. 여러분은 앞으로도 계속 성장할 것이고 그 과정에서 더 많은 부분이 깨어날 것입니다.

그런데 자기 자신을 처음으로 '나'라고 부르는 단계의 유아를 닮은 식물이 있습니다. 우리는 이 식물을 주로 숲에서 볼 수 있습니다. 이 식물도 초록색 잎으로만 이루어져 있지만 키가 몹시 크고 매우 아름답습니다.

이 식물의 잎은 무척이나 아름다워서 사람들이 꽃다발을 만들 때 흔히 이 식물의 초록 잎을 곁들여서 멋을 더합니다. 이 식물의 아름다운 잎들을 그림에 담고 싶다면 진정한 정성과 사랑을 쏟아야 하지요. 이 식물은 바로 양치식물입니다. 양치식물의 아름다운 초록색 잎은 '나'라고 말하는 것과 같아요. 민들레의 잎은 양치식물에 비하면 투박하기 이를 데 없지요!

아직 다 자라지 않은 어린 양치식물을 보면 나중에 그것들이 그토록 멋진 잎으로 바뀌리라고 짐작하기 쉽지 않습니다. 처음에는 조그마한 달팽이 껍데기처럼 보이는 데다 색도 초록색이 아닌 갈색을 띠거든요. 하지만 이 돌돌 말린 작은 달팽이 껍데기가 점차 몸을 펼쳐 예쁘고 커다란 양치식물 잎이 되어 가는 광경은 퍽 경이롭습니다. 양치식물 잎이 만들어지는 과정을 보려면 여러분은 양치식물 잎을 정말로 꼼꼼하게 살펴보아야 합니다. 양치식물

잎은 튼튼한 가운데 축(중축), 그리고 여러 작은 잎(소엽)이 달린 날개 축(우축)으로 이루어져 있습니다. 가운데 축의 끝으로 갈수록 잎의 크기는 점점 더 작아집니다.

고등 식물(장미나 카네이션처럼 꽃을 피우는 식물)은 오로지 꽃을 피우는 데만 관심을 쏟을 뿐 초록 잎에는 그리 큰 관심을 두지 않습니다. 하지만 꽃을 피우지 않는 양치식물은 해에게서 받은 힘과 지혜를 아름다운 초록색 잎을 만드는 데 몽땅 쏟아붓습니다.

양치식물은 다른 일도 합니다. 양치식물의 잎은 진짜 꽃을 흉내 냅니다. 진짜 꽃잎들은 동그라미를 그리듯 둥글게 나지요? 양치식물의 잎들도 둥글게 납니다. 물론 양치식물의 잎은 그저 땅에서 바로 자라난 초록색 잎일 뿐, 꽃이 아닙니다.

아름답고 튼튼한 양치식물은 작디작은 지의류, 이끼와 이미 상당히 다르지요. 부드러운 스펀지 같은 해초, 균류와도 다릅니다. 양치식물은 그 자체로 아름답고 푸른 진정한 잎입니다. 양치식물은 앞서 나온 다른 식물들보다 훨씬 더 많이 깨어 있습니다. 양치식물은 처음으로 '나'라고 말하는 유아들만큼 깨어 있습니다.

하지만 양치식물은 꽃이나 열매를 만들지 못합니다. 그러면 어떻게 매년 새로운 양치식물이 자라날까요? 양치식물 잎의 뒷면을 살피면 갈색 점들을 볼 수 있습니다. (여름날) 하얀 종이 위에 양치식물의 잎을 올려 두고 다음 날 다시 보면 종이에 갈색 점들이 생긴 것을 볼 수 있습니다. 이 갈색 가루는 균류의 포자와 비슷합니다. 하지만 차이점이 있습니다. 양치식물의 가루에서는 작은 초록색 비늘들이 자라납니다. 나중에 이 초록색 비늘에서 새로운 양치식물 잎이 자라나지요.

양치식물에게는 친척이 있습니다. 사촌이라고도 말할 수도 있는 이 식물은 양치식물과 생김새가 퍽 다릅니다. 이 식물에게는 아름다운 잎이 없거든요. 사실 잎이라고 할 만한 것이 아예 없습니다. 그 대신 아름답고 긴 줄기가 있고, 전체적으로 아주 작은 전나무처럼 생겼습니다. 우리는 이 식물을 속새라고 부릅니다.

속새의 긴 줄기는 마치 아주 섬세한 유리로 만들어진 듯 단단하지만 잘 부러집니다. 속새를 흔들면 쩍 하고 금이 가는 소리가 들리기도 하지요. 이 이상하고 뻣뻣하고 우쭐거리는 속새들은 우아하게 휘어지는 양치식물의 친척입니다. 양치식물은 줄기 없이 잎만 있습니다.(양치식물의 잎은 뿌리에서 곧바로 자랍니다) 속새는 잎이 없이 줄기만 있습니다.

양치식물도 속새도 꽃이 없습니다. 양치식물은 온 힘을 다해 잎을 만들고 속새는 온 힘을 다해 줄기를 만들지만, 둘 다 꽃을 피우지 못합니다.

침엽수 08

우리는 식물을 자라나는 어린아이와 비교했습니다. 균류에서 조류와 지의류, 이끼, 그리고 양치식물에 이르기까지 여러 식물을 젖먹이, 아장아장 걷는 아기, 처음으로 '나'를 말하는 유아와 비교했지요.

우리는 두세 살이 되면 '나'라고 말하는 것을 배웁니다. 이것은 사실상 아름다운 양치식물의 잎이 다다른 단계입니다. 세 살, 네 살, 다섯 살이 되면 유치원에 다니는 단계에 다다릅니다. 그리고 학교에 들어갈 때까지 몇 해에 걸쳐 갈수록 더 많이 깨어 있게 됩니다. 네 살배기는 이제 더는 젖을 빨거나 아장아장 걷는 아기가 아닙니다. 간단한 이야기를 좋아하고 또 여러 번 반복해 듣고 싶어 하지요. 보통 네 살이 되면 수를 셀 수 있을 만큼 영리해집니다. 이 시기의 많은 어린아이가 20까지 셀 수 있습니다. 하지만 덧셈이나 뺄셈 또는 곱셈은 아직 할 수 없지요.

우리는 식물이 해로부터 배움을 얻는다는 것을 알게 되었습니다. 그중 가장 경이로운 배움은 꽃을 피우는 것입니다. 해로부터 정말로 배움을 얻는 식물만이, 해로부터 배우는 것을 사랑하는 식물만이 진정한 꽃을 피울 수 있습니다.

네 살배기 어린아이와 비슷한 식물이 있습니다. 이 식물은 학교를 다니기 전의 유치원 아이와 비슷합니다. 이 식물은 젖먹이, 아장아장 걷는 아기, '나'라고 말할 수 있는 유아보다 더 많이 깨어 있긴 하지만, 학교에 다니는 어린아이보다는 배운 것이 적습니다. 그래서 이 식물은 여전히 꽃을 피우지 못합니다.

우리는 초록색 잎을 최초의 깨어남으로 볼 수 있습니다. 균류는 초록색 잎이 없지만, 조류와 지의류 그리고 이끼는 초록색 잎이 있으며, 양치식물은 이중에서 가장 아름다운 초록색 잎을 갖고 있지만 그것은 그저 잎일 뿐입니다. 속새는 가장 아름다운 줄기를 갖고 있습니다. 속새의 줄기는 마디의 길이가 아래쪽으로 갈수록 더 길고 위로 갈수록 짧아집니다. 속새를 보면 연상되는 식물이 있습니다. 속새가 작은 나무를 닮았다는 사실을 잠시 떠올려 보세요. 그 작은 나무의 줄기에서 가지들이 얼마나 규칙적으로 뻗어 나가는지 떠올려 보세요. 참나무나 사과나무의 가지는 그렇게 자라지 않습니다.

하지만 전나무는 그렇게 자랍니다. 전나무는 줄기가 곧고, 위로 갈수록 가늘어지며, 속새처럼 가지가 옆으로 규칙적으로 자라납니다. 어쩌면 속새의 가지처럼 이 가지들도 ('1층, 2층, 3층' 하고 올라가) 각기 다른 층에서 자란다고 말할 수도 있을 겁니다.

이제 전나무를 일종의 속새, 키가 크게 자란 속새라고 말할 수도 있을 겁니다. 전나무는 높이 자라기 위해 단단한 나무가 되어야 했습니다. 속새의 초록색 줄기는 그렇게 높이 자랄 수 없으니까요. 우리는 전나무의 잎을 바늘 또는 침이라고 부릅니다. 전나무의 잎은 평평하게 펼쳐지지 않습니다. 속새의 잎처럼 꼭 줄기같이 생겼지요. 소나무와 전나무, 낙엽송은 모두 같은 식물 가족에 속합니다.

이 나무들은 다들 속새보다 키가 훨씬 더 큽니다. 그렇지만 속새보다 그만큼 더 많은 것을 배우지는 않았습니다. 이처럼 바늘잎을 가진 나무들은 전부 꽃을 피우지 않거든요. 이 나무들이 학교를 아직 다니지 않는 네 살배기와 같다고 말하는 것도 그래서입니다.

하지만 이 나무들에게는 솔방울이 있습니다. 이 솔방울에 관해 좀 더 배워 보겠습니다. 다른 나무들이 꽃을 피우는 동안, 전나무와 소나무는 자신의 가지에 작디작은 나무들을 아주 많이 길러 냅니다. 이 작디작은 나무들은 각기 작고 곧은 줄기를 갖고 있어요. 이 작은 줄기에서 비늘들이 자라서 솔방울이 만들어집니다. 전나무나 소나무의 솔방울이 몸을 꽉 오므리고 있을 때 이것을 집에 가져가 며칠간 따뜻한 방에 놓아두면 비늘들이 작은 문처럼 열립니다. 그러면 각각의 비늘 밑에 날개가 달린 작은 씨앗이 두 개씩 삐죽 나와 있는 것을 볼 수 있지요. 이 씨앗들은 바람이 부는 대로 날려 갈 준비를 마쳤습니다.

봄에는 솔방울이 아직 작습니다. 이때 솔방울은 빨간색의 작은 양초처럼 붉은빛을 띤 채 가지에 붙어 있습니다. 마치 꽃이 핀 것처럼 보이기도 하지요. 씨앗이 날아간 다음 남은 솔방울은 마치 열매처럼 보이기도 하고요. 바늘잎을 가진 이 나무들은 아직 꽃과 열매를 구분하는 방법을 배우지 못했습니다. 그래서 꽃과 열매를 따로 만들지 않아요. 솔방울이 꽃이자 열매이지요. 우리는 이러한 나무를 침엽수(구과 식물)라고 부릅니다. 바늘잎이 달린 나무의 정식 이름은 침엽수입니다.

속새도 초봄에 단 하나뿐인 줄기에 작디작은 솔방울을 길러 냅니다. 하지만 속새는 제대로 된 침엽수가 아닙니다. 나무만 침엽수라고 부를 수 있어요. 침엽수에게는 '제대로 된' 꽃이나 열매가 없습니다. 하지만 침엽수는 양치식물이나 이끼, 균류와 달리 고운 가루를 날리지 않습니다. 침엽수에게는 제대로 된 씨앗이 있지요.

아울러 침엽수에는 송진이라고 부르는 끈적끈적한 물질이 있습니다. 송진은 나무껍질에 상처가 났을 때 흘러나옵니다. 송진은 향이 달콤한데 특히 불에 태우면 더욱 달콤한 향이 납니다. 침엽수는 제대로 된 꽃을 피우지 않지만, 만약에 꽃이 있었다면 꽃으로 갔을 침엽수의 향기가 모조리 송진으로 갑니다. 어쩌면 송진 속에는 마법에 걸린 꽃이 들어 있다고 말할 수도 있겠습니다. 여러분이 전나무 가지를 태우면 불과 향 속에서 송진 속의 꽃이 마법에서 풀려나옵니다.

나무와 땅   09

앞에서 우리는 네 살 된 어린아이들에 관해 배웠습니다. 네 살에는 아직 학교에 다니지 않지요. 아울러 이 어린아이들을 반듯이 서 있는 전나무나 소나무 같은 침엽수와 비교하기도 했습니다. 민들레는 키 큰 전나무에 비해 자그맣습니다. 하지만 민들레는 전나무보다 더 많이 압니다. 민들레는 전나무보다 햇빛으로부터 더 많이 배우기 때문이지요. 민들레는 제대로 된 꽃을 피웁니다. 그리고 나중에는 제대로 된 열매를 맺고 제대로 된 씨앗을 만들지요.

어쩌면 이 말이 이상하게 들릴지도 모르겠습니다. 키 큰 전나무는 아직 학교에 다니지 않는 네 살짜리와 비슷하고, 전나무에 비하면 무척이나 자그마한 민들레가 네 살보다 나이가 훨씬 많은 아이와 비슷하다니요. 자그마한 민들레가 키 큰 전나무보다 훨씬 더 깨어 있다는 말이 퍽 이상하게 들릴 수 있어요. 하지만 나무가 자그마한 꽃에 비해 얼마나 큰가는 그리 중요하지 않습니다. 이 말을 이해하기 위해 또 다른 나무에 관해 이야기해 볼게요. 이를테면 꽃이 활짝 다 핀 벚나무나 사과나무를 떠올려 보세요. 참으로 아름다운 광경이지요! 꽃이 활짝 핀 벚나무나 사과나무는 그 자체가 작은 꽃밭입니다. 다만 모든 꽃이 한 종류이지요. 꽃이 피는 시기에는 나무 한 그루 한 그루가 같은 종류의 꽃이 가득 핀 꽃밭입니다.

겨울에 이 나무들은 주위에 있는 땅과 숲이나, 나무줄기와 가지만큼이나 헐벗습니다. 겨울의 나무는 땅과 아주 비슷합니다! 봄이 오면 초록색 새싹이 땅에서, 나무의 목질에서 솟아올라 옵니다. 나무는 이제 다시 땅과 비슷해집니다. 나무는 땅과 비슷한 일을 합니다.

하지만 둘 사이에는 차이가 있어요. 땅바닥에서 자라는 식물은 땅에 각각 뿌리를 내리지요. 반면에 나무에서 자라는 잎과 꽃은 그들이 자라는 나무의 뿌리를 공유합니다.

땅에서 자라는 식물은 땅속으로 각자의 뿌리를 내리고, 땅은 뿌리를 단단하게 만듭니다. 어떤 뿌리는 심지어 목질을 띠게 되지요. 일부 뿌리를 목질만큼 단단하게 만드는 것은 바로 해가 아닌 땅의 힘입니다. 해는 고운 꽃을 만들지요.

이제 나무가 자라는 곳, 땅에서 솟아오른 단단한 목질의 나무줄기가 있는 곳에는, 땅 위로 솟아오르는 기운, 즉 땅의 힘이 있다는 것을 이해할 수 있습니다. 이것은 마치 언덕이 위로 밀려 올라오는 것과 같습니다. 땅의 힘이 밀려 올라와 나무가 되는 것이지요.

나무의 목질은 사실 위로 밀려 솟아오른 땅입니다. 나무가 늙어서 썩을 때, 나무의 몸이 바스러지기 시작할 때 어떤 일이 벌어지나요? 오래되어 썩어 가는 나무에 난 구멍에 손을 집어넣으면 목질이 바스러져 부드러운 흙이 된 것을 알 수 있습니다. 그러므로 나무가 자신이 땅인 것처럼 구는 것은 조금도 놀라운 일이 아닙니다. 땅이 헐벗을 때는 나무도 헐벗고, 땅에서 꽃들이 자랄 때는 나무도 작은 정원이 됩니다.

균류와 지의류와 이끼는 나무의 목질이 일종의 땅이라는 것을 압니다. 그래서 균류와 지의류와 이끼는 나무에서도 자랍니다. 땅의 자식들인 균류와 지의류와 이끼는 나무에서도 땅에서처럼 행복하게 자랍니다. 곤충과 딱정벌레와 애벌레도 땅에서 살지요. 곤충과 딱정벌레와 애벌레 역시 나무의 목질에서도 똑같이 행복하게 삽니다. 그들 모두 나무의 목질이 일종의 땅이라는 것을 알고 있습니다.

이제 여러분은 나무에서 실질적인 식물은 초록색 잎과 꽃 그리고 열매라는 것을 알게 되었습니다. 그리고 나무 그 자체, 그러니까 나무의 목질은 그저 위로 솟아오른 커다란 언덕일 뿐입니다. 다시 전나무와 민들레로 돌아갑시다. 전나무에서 실질적인 식물은 목질이 아니라 바늘과 솔방울입니다. '실질적인' 식물인 이 바늘들만 보면 민들레의 잎에 비해 아주 단순합니다. 민들레꽃은 그저 하나의 꽃이 아닙니다. 민들레꽃 안에는 수백 개의 열매를 품은 꽃들이 더불어 자라고 있습니다.

여러분은 어째서 그토록 여러 종류의 나무가 있는지 질문할지 모릅니다. 그것은 나무에서 자라는 초록색 식물에게는 여러 종류의 땅이 필요하기 때문입니다. 이것은 땅에서 자라는 식물에게도 마찬가지입니다. 땅에서 자라는 식물에게도 특별한 종류의 땅이 필요합니다. 그리고 나무에서 자라는 작은 초록색 식물에게도 각자의 특별한 땅이 필요합니다. 바로 그 나무의 목질이 그 식물이 자라는 특별한 땅인 셈이지요.

꽃식물 10

　나무는 실질적으로는 땅에서 솟아오른 언덕이고, 나뭇가지에서 자라는 잎과 꽃과 열매는 땅에서 자라는 식물과 비슷합니다. 다른 점이 있다면 나무라는 '정원'에서 자라는 잎과 꽃에게는 뿌리가 따로 없다는 것입니다. 잎과 꽃은 각자의 뿌리가 없는 대신 나무의 뿌리를 공동으로 갖습니다.

　그런데 앞에서 처음으로 배운 나무인 침엽수는 진정한 꽃이 없습니다. 침엽수는 바늘 같은 초록색 잎이 있고, 대개는 여름이 지나고 겨울이 올 때까지도 줄곧 초록색을 유지합니다. 그래서 침엽수를 늘푸른나무라고 부르기도 하지요. 침엽수는 진정한 꽃이 없습니다. 해로부터 꽃을 피우는 방법을 배우지 못했기 때문입니다. 그러니 침엽수는 아직 학교에 다니지 않는 네다섯 살의 유치원 아이와 비슷합니다.

　이제 비로소 어린아이가 학교에 다니는 단계와 나이에 이르렀습니다. 어린아이가 읽기와 쓰기를 처음으로 배우는 시기에 도착한 것이지요. 그때 여러분 안에는 이미 생각의 빛이 밝혀져 있었습니다. 여러분이 비로소 20이나 30까지 셀 수 있었을 때, 작은 그림을 그릴 수 있었을 때, 스스로를 처음으로 '나'라고 불렀을 때 여러분의 내면의 빛은 이미 밝혀져 있었습니다.

그런데 여러분이 학교에 다니기 시작하자 이 내면의 빛은 전보다 훨씬 더 많은 것을 해내야 했습니다. 읽기와 쓰기를 배우려면 내면의 빛은 전보다 훨씬 더 많이 노력해야 합니다. 덧셈과 뺄셈 그리고 구구단을 생각해 보세요. 이런 것들을 배우려면 내면의 빛이 꽤나 많이 필요하지요! 여러분이 이 내면의 빛을 사랑한다면, 여러분은 아름다운 꽃을 피우는 식물과 같습니다. 여러분은 우리의 눈을 기쁘게 하는 빨강 꽃, 분홍 꽃, 파랑 꽃, 하양 꽃, 노랑 꽃과 같습니다. 달콤한 향기로 공기를 채우는 꽃과 같지요.

해를 향해 기쁜 마음으로 자기 자신을 활짝 펼치는 모든 꽃은, 열린 마음으로 기꺼이 배우려는 어린아이와 비슷합니다. 그리고 짓궂은 생각을 더 많이 하고 애써 집중하지 않는 사람은 빛을 피해 고개를 돌리는 광대버섯과 비슷합니다. 광대버섯은 이따금 독이 있고 오로지 죽은 것에서만 자라납니다.

꽃을 피우는 식물을 우리는 꽃식물이라고 부릅니다. 꽃식물은, 학교에 와서 들은 것을 진정으로 받아들이는 어린아이와 같습니다. 하지만 들판과 정원을 아름다운 향기로 가득 채우는 꽃식물에게는 학교가 없습니다. 선생님도 없지요. 바로 햇살이 꽃식물의 학교이자 선생님입니다.

하지만 햇빛만 일을 하는 것은 아닙니다. 또 다른 누군가가 있어요. 밤하늘을 올려다보면 수없이 많은 별을 볼 수 있습니다. 별빛 역시 이 아래 땅에 있는 우리에게 내려옵니다. 혹시 해가 환히 빛나는 낮의 하늘에 별이 없다고 생각한다면, 그것은 착각입니다. 별은 낮에도 빛나고 있습니다. 햇빛이 너무 세고 강해서 볼 수는 없지만 별은 낮에도 똑같이 빛나고 있습니다. 그러니까 낮에는 햇빛뿐만 아니라 별빛도 땅을 비춥니다. 낮에 우리 인간의 눈은 별빛을 알아채지 못하지만 식물에게 별빛은 햇빛만큼이나 실제적입니다.

식물이 해에게서 꽃을 피우는 방법을 배운다면, 별에게서는 꽃을 별 모양으로 만드는 방법을 배웁니다. 어떤 꽃은 육각 별처럼 생겼고, 어떤 꽃은 오각 별처럼 생겼으며, 어떤 꽃은 사각 별처럼 생겼고, 또 어떤 꽃은 빛살이 수 갈래로 뻗어 나가는 별처럼 생겼습니다. 어떤 식물은 열매를 통해 별을 보여 주기도 합니다. 사과와 오렌지 그리고 레몬에서 우리는 '별'을 볼 수 있지요.

이제 여러분은 하늘 높이 떠 있는 별들을 천상의 꽃이라고, 신의 꽃이라고 부를 수 있을 겁니다. 그리고 땅에 피어 있는 별들은 천상에 핀 꽃의 빛을 도로 비추는 '거울'과 같습니다.

땅에 피는 꽃들은 경이로운 천상의 빛을 도로 비추는 자그마한 빛, 자그마한 그림에 지나지 않습니다. 하지만 여러분이 학교에서 진정으로 무언가를 배우고 있다면, 인간이 흡수한 이 자그마한 영리함, 이 자그마한 지혜, 이 자그마한 앎 또한 신의 위대하고 무한한 지혜를 도로 비추는 자그마한 빛이자 자그마한 '거울'이며 자그마한 그림입니다.

하등 꽃식물과 고등 꽃식물

진짜로 집중하는 것이 무엇인지 알고 싶다면 여러분은 꽃에게 배울 수 있습니다. 민들레 같은 식물은 해가 뜰 때 꽃을 활짝 펼치고 해가 질 때 오므립니다. 그런데 민들레보다도 집중력이 더 높은 식물이 있습니다. 해바라기입니다. 해바라기는 커다란 얼굴을 항상 해 쪽으로 돌립니다. 하늘에서 해가 자리를 옮기는 낮 시간 내내 해바라기는 그 빛을 따릅니다.

하지만 심지어 민들레보다 작은 꽃들도 이렇게 합니다. 제비꽃도 해를 따릅니다. 제비꽃은 자그마한 얼굴을 찬찬히 돌려 언제나 햇빛을 꽃의 심장 속에 곧장 받습니다. 제비꽃은 집중력이 높긴 하지만 남들의 관심은 끌지 않는 꽃이지요. 제비꽃은 스스로를 잘 드러내지 않습니다. 게다가 제비꽃은 달콤한 향을 품고 있는데 그 향을 맡으려면 제비꽃 옆에 바짝 다가가야 합니다.

카네이션은 사뭇 다릅니다. 카네이션은 해를 그리 열심히 따르지 않습니다. 고운 빛깔의 카네이션은 아주 도도합니다. 꽃에 따라 다소 차이가 있지만 향도 강하지요. 카네이션 꽃의 향이 어찌나 강한지 우리가 제비꽃을, 아니 심지어 장미꽃이라도, 카네이션 꽃 옆에 두면 우리는 다른 꽃의 향은 좀처럼 맡지 못합니다. 카네이션은 집중력이 특별히 높지 않지만 남들의 관심을 끌려고 하고 뽐내기를 좋아하는 어린아이와 같지요.

꽃식물은 학령기 어린아이와 아주 비슷합니다. 꽃식물 중에는 줄기가 단단해서 꼿꼿이 설 수 있는 민들레나 수선화가 있는가 하면, 다른 무언가를 항상 붙들고 있어야 하는 덩굴 식물도 있습니다.

학령기 어린아이도 마찬가지입니다. 자기 일을 스스로 하는 어린아이가 있는가 하면, 누군가의 도움이 항상 필요한 어린아이도 있지요. 또한 말썽 피우기를 좋아하는 어린아이도 있습니다. 이를테면 쐐기풀이 그렇지요. 그렇지만 쐐기풀을 다룰 한 가지 방법이 있습니다. 우리가 쐐기풀을 손으로 단단히 움켜잡으면, 쐐기풀은 우리를 쏘지 않습니다. 그럴 수가 없거든요. 물론 장난꾸러기 어린아이도 마찬가지로 양손으로 단단히 '움켜잡아야' 합니다.

저학년 어린아이가 있고 고학년 어린아이가 있듯이, 꽃식물도 하등 식물이 있고 고등 식물이 있습니다. 잎을 보면 둘을 구분할 수 있습니다. 하등 꽃식물은 잎의 모양이 **단순**하고 고등 꽃식물은 **복잡**합니다.

잎에는 이른바 '잎맥'이 있습니다. 단순한 잎은 잎맥들이 대체로 나란합니다. 복잡한 잎을 보면 잎맥들이 갈라지고 서로 엇갈립니다.

식물학에서는 이것을 나란히맥과 그물맥이라고 부릅니다. 아울러 복잡한 잎은 가장자리의 생김새도 복잡합니다. 민들레나 장미가 그렇지요. 하지만 단순한 잎의 가장자리는 반듯합니다.

나란히맥 잎사귀

그물맥 잎사귀

꽃으로도 구분할 수 있습니다. 하등 꽃식물은 육각 별 모양 꽃이 핍니다. 크로커스, 백합, 튤립, 붓꽃, 수선화가 그렇지요. 고등 꽃식물의 꽃은 별 모양을 띠긴 하지만 뾰족한 끝이 다섯 개이거나 네 개이며 간혹 그보다 많기도 합니다. 장미, 제비꽃, 카네이션이 그렇습니다.

그리고 고등 꽃식물의 꽃은 초록색 잎들이 만든 작은 잔에서 자랍니다. 이 잔을 꽃받침이라고 부릅니다. 나란히맥 식물은 꽃받침이 없습니다. 달리 말하면 나란히맥 식물은 아직 꽃과 꽃받침을 구분하지 못합니다.

복잡한 잎을 가진 고등 꽃식물은 뿌리가 튼튼합니다. 하등 꽃식물은 땅속에 알뿌리를 갖고 있습니다. 하지만 이것은 사실 뿌리가 아니라 줄기의 두꺼운 부분이며 이 알로부터 아주 작은 뿌리가 자라납니다. 그러니 하등 꽃식물과 고등 꽃식물은 잎과 꽃 그리고 뿌리가 서로 전부 다 다릅니다.

꽃 **12**

아직 학교에 다니지 않는 어린아이들과 비슷한 식물은 꽃을 피우지 않습니다. 이끼, 양치식물, 조류가 그렇습니다. 튤립, 제비꽃, 수선화, 장미처럼 학교에 다니는 어린아이와 비슷한 식물은 꽃을 피웁니다. 꽃의 아름다움 안에 있다는 것, 향기 안에 있다는 것은 배움의 의미를 깨닫는 것, 내면의 빛을 밝힌다는 것의 의미를 깨닫는 것과 비슷합니다. 배우고 기억하고 생각하는 일은 항상 쉽지는 않습니다. 마찬가지로 식물 역시 꽃을 피워 내는 것이 그리 쉽지 않습니다. 사실 꽃식물은 꽃을 피울 수 있기까지 준비가 필요합니다. 장미나 미나리아재비 같은 야생화는 꽃을 피우기에 앞서 한동안 그저 자라고 또 자라기만 합니다. 그동안 우리는 그들의 푸른 잎만 볼 수 있습니다.

미나리아재비는 심지어 자라는 동안에 잎이 변하기도 합니다. 땅 가까이에 자리해 있는 첫 잎들은 큼지막합니다. 나중에 더 위에 나는 잎들은 첫 잎들보다 작고 더 섬세합니다. 하지만 여전히 그저 초록색 잎일 뿐입니다.

그러다 놀라운 일이 벌어집니다. 미나리아재비는 더는 위로 자라지 않습니다. 이제 미나리아재비는 그때까지 틔운 잎들과는 퍽 다르게 생긴 특별하고 자그마한 초록색 잎들을 만듭니다. 이 작은 초록색 잎들은 서로 가까이 자라다가 어느샌가 한데 붙어 초록색의 작은 조가비 모양을 이룹니다. 작은 조가비가 막 생겼을 때 칼을 가져다 반으로 갈라 보면 그 안에는 아무것도 없습니다. 하지만 좀 더, 그러니까 며칠 더 기다리면 이 작은 조가비가 활짝 펼쳐지며 사랑스러운 노란 꽃이 모습을 드러냅니다! 작은 조가비는 이제 꽃잎을 받치는 잔 모양을 띱니다. 처음에는 조가비였다가 나중에 잔이 되는 이 자그마한 초록색 잎들은 다 같이 꽃받침이라고 불립니다.(영어로는 '잔'을 뜻하는 '칼릭스calyx'라는 이름으로 부르지요) 자그마한 잎 하나하나는 꽃받침잎이라고 부릅니다.

꽃받침잎들은 처음에는 기도하는 손처럼 보이다가 나중에는 어떤 소중한 선물을 받아든 두 손처럼 보입니다. 소중한 선물이란 다름 아닌 꽃이지요.

꽃을 이루는 고운 색의 잎들은 꽃잎이라고 부릅니다. 그런데 꽃받침이 받은 소중한 선물은 그저 색이 곱고 예쁜 꽃잎만이 아닙니다. 다른 선물도 있습니다. 꽃잎들이 둥글게 둘러싼 한가운데를 보면 왕이나 여왕이 드는 홀 같은 것이 있습니다. 바로 암술입니다.

옛날에 왕은 오른손에는 홀(황금 막대)을, 왼손에는 보주(황금 구슬)를 들었습니다. 대관식에서 권좌에 앉은 왕은 한 손으로는 홀을 한 손으로는 보주를, 즉 막대와 구슬을 들었습니다.

꽃 한가운데에 서 있는 홀을 자세히 살펴보면 아래쪽에서 폭이 넓어지며 보주 모양을 이룹니다. 식물에서는 홀과 보주가 하나입니다. 위쪽은 홀이고 아래쪽은 보주이지요. 하지만 식물학에서는 이것을 홀과 보주라고 부르지 않습니다. 막대 모양으로 쭉

뻗은 홀처럼 보이는 윗부분은 암술이라고 부르고, 구슬처럼 보이는 아랫부분은 씨방이라고 부릅니다.

꽃받침은 또 다른 것도 받치고 있습니다. 꽃잎 그리고 암술과 씨방(실은 이 모두가 하나이지요) 말고 또 다른 것도 받치고 있습니다. 위풍당당하게 서 있는 왕의 홀과 보주(암술과 씨방)의 주변에는 가느다란 줄기들, 즉 수술들이 왕관 모양으로 둥글게 서 있습니다. 수술에는 자그마한 황금 머리가 달렸습니다. 이 황금 머리는 고운 금가루로 이루어져 있지요. 이 가루를 우리는 꽃가루라고 부릅니다.

우리가 이 책을 시작할 때 식물은 해와 땅의 자식들이라고 한 것을 기억할 것입니다. 꽃을 피우는 식물은 땅으로부터 받은 것이 있고 해로부터 받은 것이 있다고 한 것을 기억하겠지요. 여러분은 초록색 암술과 둥근 씨방(그 자체로 작은 땅이지요)이 땅의 선물이라는 것을 쉽게 알 수 있을 겁니다. 그리고 황금 꽃가루를 얹고 둥글게 서 있는 수술은 해의 선물입니다.

또, 꽃받침은 얼마나 경이로운 선물을 받들고 있는지요. 꽃잎, 암술과 씨방, 황금 꽃가루를 얹은 수술은 참으로 경이로운 선물입니다.

꽃가루 🔞

옛날에 권좌에 오른 왕은 한 손에는 홀을 들고 한 손에는 보주, 즉 황금 구슬을 들었습니다. 여기서 홀, 즉 황금 막대는 권력을 나타냅니다. 한편 보주, 즉 황금 구슬은 땅을 의미합니다. 옛날 왕들은 땅이 자신의 권력 안에 있다는 것을 보여 주기 위해 보주를 들었습니다.

꽃 속에 자리한 작은 보주를 함께 살펴봅시다. 이 작은 보주를 우리는 씨방이라고 부릅니다. 이 씨방은 어떻게 땅과 관련이 있을까요? 추운 겨울에 씨앗은 땅속에 머물며 봄이 오기를 기다린다는 이야기를 기억하겠지요. 그런데 이 씨앗들은 어디에서 왔을까요? 이 씨앗들은 애초에 어디에서 생겨났을까요? 씨앗들은 씨방에서 생깁니다. 나중에 땅속에 머물게 될 바로 그 씨앗들은 처음에는 작은 땅, 즉 씨방에 머무릅니다. 씨방은 사실 작은 땅입니다.

혹시 이 작디작은 씨앗을 씨방에서 꺼내어 직접 큰 땅에 옮겨 심는다면 그것은 헛수고에 지나지 않습니다. 그 씨앗에서는 아무것도 자라지 않을 테니까요. 씨방 속의 작디작은 씨앗으로부터 큰 식물이 자라나려면 또 다른 것이 필요합니다. 바로 해의 축복이 필요합니다.

암술과 씨방이 땅의 선물이라면, 해의 선물은 무엇일까요? 수술과 황금 꽃가루, 이 황금 왕관이 해의 선물입니다. 황금 꽃가루가 있어야 씨앗에게 해의 축복을 가져올 수 있습니다.

황금 꽃가루는 어떻게 씨방 속의 작디작은 씨앗들과 만날까요? '홀', 그러니까 암술은 속이 비어 있고 위쪽 부분이 끈적끈적합니다. 일부 식물은 바람이 수술의 꽃가루를 암술로 옮겨 주면 꽃가루가 암술의 비어 있는 내부를 통과해 씨방 속에 자리한 씨앗과 만납니다.

흔히 황금 꽃가루를 마른 가루라 생각할 텐데 그렇지 않고 끈적끈적합니다. 수술에 손가락을 갖다 대면 꽃가루가 손가락에 찰싹 달라붙지요. 이렇게 달라붙은 꽃가루를 암술로 옮겨 주는 것이 벌이나 나비 같은 곤충입니다.

식물과 곤충은 서로 돕습니다. 꽃은 각자 품은 잔 깊숙이 소량의 꽃꿀을 갖고 있어요. 우리는 맛을 느낄 수조차 없을 만큼 아주 적은 양이지요. 하지만 작은 벌이나 나비에게는 이 정도도 많습니다. 그리고 벌은 이를테면 한 꽃에만 방문하지 않고 여러 꽃을 드나들며 꿀을 모아 벌집으로 가져갑니다. 한 벌집당 꿀을 모아 오는 벌의 수가 수천 마리에 이르기 때문에 모든 벌이 모아 오는 꿀의 양을 전부 합치면 대단히 많습니다.

이렇듯 꽃은 벌과 나비에게 꿀을 내어 줍니다. 꽃이 꿀을 생산하는 것은 자기 자신을 위해서가 아니라 곤충들을 위해서입니다. 그런데 곤충들도 식물을 위해 하는 일이 있습니다.

벌이나 나비가 소량의 꿀을 모을 때 벌이나 나비의 몸에 황금 꽃가루가 많이 달라붙습니다. 꽃을 떠난 벌은 같은 종류에 속한 다음 꽃(반드시 같은 종류여야 합니다)으로 가서 자기 몸에 붙은 꽃가루를 암술에 문지릅니다. 그러면 꽃가루는 내부가 비어 있는 암술을 통과해 씨방 속의 씨앗들과 만납니다. 이러한 일들에 관해 벌도 알고 있는 것 같습니다. 왜냐하면 벌들은 하루에 한 종류의 꽃만 방문하거든요. 예를 들어 어느 날은 사과꽃만 방문하고 다음날엔 벚꽃만 방문하는 식이지요. 이렇듯 꽃은 곤충에게 꿀을 주고, 곤충은 해의 축복인 꽃가루가 씨방 속의 작디작은 씨앗들과 만나게 해 줍니다.

꽃가루가 없다면, 해의 축복이 없다면, 씨방 속의 작디작은 씨앗에서는 아무것도 자라나지 않을 것입니다. 하지만 씨앗들이 일단 해의 축복을 받으면 아주 놀라운 일이 펼쳐집니다.

씨방, 그러니까 작은 땅이 자라기 시작합니다. 꽃의 다른 부분, 즉 꽃잎이나 수술은 떨어져 나갑니다. 이들의 시간은 이제 다했기 때문이지요. 하지만 씨방은, 해의 축복을 받아들인 작은 땅은 여전히 남아 자라고 또 자라서 열매가 됩니다.

열매 속에는 씨앗들이 있습니다. 이 씨앗들이 땅속에 자리하면 이제 이 씨앗들로부터 새로운 식물이 자랄 수 있습니다. 사과나 오렌지, 토마토, 체리를 반으로 자르면 우리는 그 안에서 씨앗을 볼 수 있습니다. 이러한 열매들의 과즙이 풍부하고 달콤한 '과육'은 처음에는 작은 '보주'였습니다. 다시 말해 꽃의 씨방이었습니다. 그러니 이제는 여러분도 알 수 있을 겁니다. 세상에 열매와 씨앗이 있으려면 해와 땅, 꽃과 곤충 모두가 함께 일해야 한다는 것을요.

꽃과 나비 14

　우리는 꽃과 곤충이 어떻게 함께 일하는지, 수많은 꽃과 곤충은 서로가 서로 없이는 살 수 없다는 것을 알게 되었습니다. 벌과 나비가 꽃을 찾지 않으면 꽃가루는 씨방 속의 씨앗과 만날 수 없습니다. 이듬해에 그 종류의 꽃은 더는 피지 않을 것입니다.

　하지만 벌과 나비에게도 꽃이 필요합니다. 벌과 나비 같은 곤충은 빛과 온기의 자식들입니다. 벌과 나비는 추운 날이나 비가 내리는 여름날에는 몸을 숨긴 채 밖으로 나오지 않습니다. 반면에 해가 좋은 따뜻한 날에는 물속의 물고기처럼 행복해합니다. 빛의 자식인 벌과 나비는 절대로 먹이를 땅에서 직접 얻지 않습니다.(이따금 물만 마시지요) 해가 벌과 나비를 위해 꽃 속에 마련해 둔 달콤한 꽃꿀만을 먹이로 삼아요.

꽃과 곤충은 서로에게 속해 있고 서로에게 필요합니다. 이 꽃에서 저 꽃으로 이동하며 파닥거리는 화려한 색채의 날개를 가진 나비를 생각해 보세요. 그리고 화려한 색채의 꽃을 생각해 보세요. 나비와 마찬가지로 꽃도 빛의 자식입니다. 물론 꽃과 꽃잎은 식물의 일부이고 나비는 곤충이므로, 나비와 꽃이 똑같다고 할 수는 없습니다. 하지만 이 둘은 무척이나 닮았습니다. (비가 오는 흐린 날에는 곤충이 숨는 것처럼 꽃은 대개 꽃잎을 꼭 다물지요!) 나비의 날개와 꽃잎은 확실히 닮은 데가 있습니다. 나비의 몸통은 작은 식물의 줄기처럼 생겼고, 기다란 더듬이는 꽃의 수술과 무척 닮았습니다. 꽃을 분해해서 나비 모양을 만들어 볼 수도 있을 겁니다.

그런데 다 자란 꽃과 다 자란 나비만 보아서는 이러한 닮음이 어째서 위대한 것인지 제대로 이해할 수 없습니다. 꽃과 나비가 어떻게 비슷한지를 더 잘 이해하려면 꽃과 나비가 자라는 과정을 살펴보아야 합니다. 식물은 씨앗으로 시작합니다. 씨앗에서는 초록색 새싹(초록색 줄기와 초록색 이파리)이 돋아납니다. 그다음에는 봉오리가 등장합니다. 이 작은 초록색 조가비를 보고 있으면 거기서는 아무것도 더 자라날 것 같지 않지요. 그런데 나중에 이 봉오리가 열리면서, 그러니까 꽃받침이 열리면서 화려한 색채의 꽃이 모습을 드러냅니다.

나비는 작은 알로 시작합니다. 나비의 알은 식물의 씨앗과 같습니다. 해가 씨앗과 알을 '부화'시키지요. 그다음에는 애벌레가 등장합니다. 초록 식물의 잎을 먹고 초록 식물처럼 빠르게 자라는 애벌레는 초록 식물을 닮았습니다.

그런데 어느 정도의 시간이 지나면 애벌레는 몸을 키우기를 멈추고 아주 이상한 일을 합니다. 애벌레는 조가비, 그러니까 우리가 '번데기'라고 부르는 곱고 섬세한 껍데기로 자기 자신을 감쌉니다. 그리고 한동안 더는 아무 일도 일어나지 않는 것처럼 보이지요. 그렇습니다, 번데기는 식물의 봉오리, 활짝 펼쳐지기 전의 꽃받침과 똑 닮았습니다. 그다음에는 이 '조가비'가 열리고 거기서는 애벌레 말고, 마치 꽃받침으로부터 아름다운 꽃이 모습을 드러내듯, 아름다운 나비가 나옵니다!

- 꽃 — 나비
- 봉오리 — 번데기
- 초록 식물 — 애벌레
- 씨앗 — 알

누군가는 꽃은 사실상 한자리에 고정된 나비, 땅에 매여 있는 나비라고 말할지도 모르겠습니다. 그리고 나비는 꽃이라고, 자유롭게 풀려나 공중을 날아다니는 꽃이라고요.

식물이 (씨앗으로 시작해 꽃이 되기까지) 땅에 매여 있는 나비라는 것을 이해하고 나면 식물과 나비가 서로를 찾는 이유 또한 이해할 수 있을 것입니다. 나비는 꽃을 찾습니다. 꽃은 나비를 사랑하며 나비를 위해 꽃꿀을 품고 있습니다. 아울러 꽃과 나비가 서로 어째서 그리도 닮았는지, 어째서 그토록 비슷한지 이해할 것입니다. 꽃과 나비는 빛의 자식들입니다. 한 아이는 땅에 매여 있고, 한 아이는 공기와 빛 속에서 날개를 파닥이며 자유로이 날아다닙니다.

애벌레와 나비 　　**15**

　　꽃과 나비는 모두 빛의 자식들로서 빛을 사랑합니다. 비가 오는 흐린 날, 꽃은 대개 꽃잎을 오므리며 꽃의 '자매'인 나비는 어딘가로 쏙 숨지요.

　　나비와 나방, 그리고 다른 많은 곤충이 빛을 몹시나 사랑하여 목숨까지 바칩니다. 여름밤에 빛은 온갖 곤충을 유혹합니다. 전구 주변에서 곤충들은 자기 자신의 몸을 빛 속으로 던지고 싶어 하지만 전구를 뚫고 들어가지 못하는 것을 볼 수 있습니다.

　　해가 알에서 부화시켜 준 애벌레도 빛을 사랑합니다. 애벌레는 햇빛을 사랑합니다. 여러분 방에 켜진 작은 불을 향해 곤충들이 날아가듯, 애벌레도 하늘을 날 수만 있다면 정말로 해를 향

식물 가족 71

해 날아갈 겁니다.

하지만 날개가 없는 애벌레는 해를 향해 날아갈 수 없습니다. 설사 애벌레에게 날개가 있다고 하더라도 해는 너무나도 멀리 떨어져 있습니다. 그래서 애벌레는 다른 일을 합니다. 애벌레는 자기 몸에서 명주실처럼 곱고 가느다란 실을 만들어 냅니다. 애벌레는 이 실로 햇살을 돌돌 감습니다. 번데기를 휘감고 있는 작은 덮개, 즉 고치는 이렇게 만들어집니다. 애벌레가 고운 실로 햇살을 돌돌 감으면 그것이 고치가 됩니다.

고치가 완성될 즈음 애벌레는 완전히 변합니다. 애벌레는 죽어서 사라집니다. 남은 것이라고는 오로지 껍데기, 즉 번데기뿐입니다. 그런데 이제 놀라운 일이 벌어집니다. 번데기 안에서 해의 힘으로 나비가 태어납니다. 애벌레는 죽지만 나비로 다시 태어납니다.

애벌레는 그리 아름다운 생명체는 아닙니다. 꼭 털북숭이 벌레처럼 생겼지요. 그런데 이 못생긴 털보 벌레는 자신의 생명을 포기합니다. 자기 몸 전체를 내어 주고 죽어요. 그리하여 죽은 껍데기가 됩니다. 바로 이 죽은 껍데기에서 나비, 아름다운 날개가 달린 빛의 자식이 생겨납니다. 털보 벌레는 죽어서 찬란한 나비로 다시 태어납니다.

신은 어떤 의도가 있어서 애벌레 같은 이상한 생명체를 만들었습니다. 신은 무한한 지혜 속에서 자연의 모든 사물을 통해 우리에게 말을 건넵니다. 신은 애벌레가 죽어서 나비로 다시 태어나는 모습을 보여 줌으로써 우리에게 하고 싶은 말이 있습니다.

사람은 누구나 죽습니다. 애벌레가 죽어서 속이 비어 있는 죽은 껍데기가 되듯이 우리는 모두 죽음을 맞이합니다. 그리고 죽은 번데기에서 찬란한 나비가 다시 태어나듯이 우리는 모두 신이 다스리는 천상의 왕국에서 정신으로 다시 태어납니다. 물론 날개를 파닥이며 날아다니는 나비는 천상의 정신은 아닙니다. 나비는 그저 신이 우리에게 말하려는 것을 보여 주는 하나의 그림입니다.

신은 나비를 만들며 이렇게 생각했습니다. "땅 위의 사람들은 사랑하는 누군가가 죽으면 슬퍼하지만, 애벌레가 죽어서 나비로 다시 태어난다는 것을 나는 그들에게 보여 주리라. 이를 통해 사람들은 알게 되리라. 기운을 차리자. 죽음은 끝이 아니다. 찬란한 나비가 애벌레의 죽음에서 왔듯이 우리는 죽어서 아름다운 정신으로서 새로운 생명으로 깨어날 것이다."

식물과 나비처럼, 자연에서 만나는 주변의 사물들은, 우리에게 우리 자신에 관한 어떤 것을 말해 줍니다. 신은 우리가 우리 자신에 대해 무언가 배울 수 있도록 자연의 사물들을 만드셨습니다. 우리는 애벌레와 나비를 통해 죽어서 정신에서 다시 태어나리라는 것을 알 수 있습니다.

튤립 **16**

앞에서 우리는 두 종류의 꽃식물이 있는 것을 보았습니다. 하나는 잎맥이 나란히 줄지어 있는 나란히맥 꽃식물이고, 하나는 잎맥이 마치 작은 나무처럼 생긴 그물맥 꽃식물입니다. 나란히맥 꽃식물은 흔히 연중 꽃을 일찍 피웁니다. 이른 봄에 피어나는 눈풀꽃을 생각해 보세요. 수선화와 히아신스도 마찬가지입니다. 이 식물들은 하나같이 해마다 이른 시기에, 해가 가장 강한 힘을 내뿜기 전에 꽃을 피웁니다.(장미는 다릅니다. 장미는 해가 가장 강한 힘을 내뿜는 6월이 되어야 꽃을 피웁니다)

나란히맥 식물은 모두 육각 별의 영향 아래 있습니다. 튤립도 나란히맥 식물입니다. 튤립 역시 다소 이른 시기에 꽃을 피우지요. 튤립을 따뜻한 방에 두면 봄이 되기 훨씬 전에 꽃을 볼 수 있습니다. 튤립이 이렇듯 빨리 자랄 수 있는 이유는 매번 뿌리에서 자라나지 않아도 되기 때문입니다. 튤립은 알뿌리(구근)에서 자라납니다.

알뿌리는 참으로 신기합니다. 바깥쪽은 가죽 같은 갈색빛을 띠지만, 안쪽은 하얀 껍질로 겹겹이 싸여 있어요. 알뿌리의 바닥에는 납작한 원판이 있습니다. 여기에서 자라는 뿌리가 튤립의 진짜 뿌리이지요. 이 뿌리는 다육질이며(단단한 뿌리가 아닙니다) 여러 갈래로 갈라지지 않습니다. 그러니까 알뿌리는 그 자체로는 뿌리가 아닙니다. 알뿌리를 이루고 있는 껍질은 실상은 잎입니다. 이 잎들은 그동안 땅속에 간직되어 있었습니다. 해가 닿지 않기 때문에 초록색으로 변하지 않고 하얀 채로 머무는 것입니다. 오로지 햇빛만이 초록색 잎을 만들 수 있으니까요.

튤립의 알뿌리를 절반으로 자르면 새로운 것을 알게 됩니다. 튤립의 진짜 비밀을 알게 되지요! 알뿌리의 껍질 속 한가운데를 보면 사실상 내년에 튤립으로 자랄 새로운 알뿌리가 들어 있습니다. 올해의 튤립은 이미 졌고 내년의 튤립이 미리 준비되어 있는 것이지요. 내년의 튤립은 알뿌리 속에 준비되어 있습니다.

그러니 땅 위로는 초록색 튤립 식물이 있고 땅속에는 '하얀색' 튤립 식물(알뿌리)이 있습니다. 그리고 땅속의 하얀색 식물 속에는 또 다른 튤립 식물, 즉 내년의 튤립이 있습니다.

튤립은 봄이 되어 알뿌리에서 자라기 시작할 때 몹시 '서두릅니다'. 꽃을 피우는 단계에 어서 빨리 다다르고 싶어 하지요. 그래서 튤립은 단순한 나란히맥의 초록색 잎을 만듭니다.

그동안 다른 식물은 꽃받침의 작은 초록색 잎인 꽃받침잎을 만듭니다. 하지만 튤립은 꽃받침잎을 만들 여유가 없습니다. 여러분은 얼핏 튤립에게도 꽃받침이 있다고 생각할지 모릅니다. 튤립의 꽃봉오리를 이루는 잎들이 초록색이니까요. 하지만 이 잎들은 나중에 빨간색이나 노란색으로 바뀌어 꽃이 됩니다. 그러니 이제는 여러분도 알겠지요. 튤립은 초록색 꽃받침잎이 다채로운 색깔의 꽃잎과는 다르다는 것을 아직 배우지 못했습니다.

튤립의 꽃잎과 장미의 꽃잎을 손으로 만져 보면 차이를 느낄 수 있습니다. 튤립의 꽃잎은 두껍고 부드럽습니다. 초록색 잎과 감촉이 비슷하지요. 그에 비해 장미의 꽃잎은 매우 섬세합니다. 성격이 급한 튤립은 지나치게 서두르기 때문에 장미처럼 섬세한 꽃잎을 만들 수 없습니다.

덧붙여 튤립은 일종의 열매를 맺지만 이것 역시 지나치게 빠르게 만드는 바람에 씨앗을 마른 포자낭으로 감싸는 것으로 그칩니다. 다른 식물은 열매 속에 과즙을 담지만 튤립은 이 과즙을 땅속의 알뿌리로 내려보냅니다. 그러니 우리는 튤립의 알뿌리는 일종의 '열매'라고 말할 수 있습니다. 하지만 이 열매를 무르익게 하는 것은 해가 아닙니다. 햇빛 속에서 자라난 튤립의 진짜 열매는 건조하고 과즙이 없습니다.

이제 우리는 튤립의 친척을 알아챌 수 있습니다. 튤립은 백합, 히아신스, 수선화와 친척으로 같은 가족(과)에 속합니다. 그런데 위풍당당하고 아름다운 백합과 튤립이 부끄러워하는 볼품없는 친척이 있습니다. 백합과 튤립은 이 친척을 무시하지만 그래서는 안 됩니다! 튤립과 백합의 볼품없는 친척이란 바로 양파입니다.

　튤립과 달리 양파는 멋진 꽃이 없습니다. 양파의 꽃은 작고 초록색입니다. 향기도 별로 없고 색도 화려하지 않아요. 색과 향을 만드는 것은 온기와 빛인데, 양파는 온기와 빛을 모조리 알뿌리로 보냅니다. 양파는 잎과 줄기, 즉 양파의 알뿌리 그 자체에 향을 품고 있습니다. 양파는 향기를 꽃까지 올려보내지 않고 아래에 남겨 둡니다. 그래서 양파를 자르면 눈물이 쏙 나올 정도로 톡 쏘는 냄새가 온 방 안에 퍼지지요.

　하지만 양파는 우리에게 아주 유용합니다. 양파는 위풍당당한 친척들만큼 아름답지는 않지만, 소박하고 유용한 주방의 도우미입니다. 다음에 양파 냄새를 맡게 되면 꼭 기억해 주세요. 꽃과 열매로 갔어야 할 양파의 향기가 땅속에서 그렇게 톡 쏘는 냄새로 모였다는 것을.

{ **튤립** }

- **잎** — 단순한 나란히맥
- **알뿌리** — 물기가 많은 땅속의 잎
- **뿌리** — 다육질이며 여러 갈래로 갈라지지 않음
- **꽃** — 꽃받침이 없음
- **봄 식물** — 꽃을 빨리 피움

씨앗과 떡잎   **17**

　　앞에서 우리는 꽃식물을 두 종류로 나누었습니다. 꽃식물은 햇빛으로부터 얻은 지혜에서 꽃을 피우는 경이로운 기술을 배웁니다. 일부 꽃식물은 어린아이들처럼 여전히 단순한 것을 배우며 잎과 꽃이 단순하지요.

　　튤립은 아름답지만 단순한 잎을 갖고 있습니다. 즉, 나란히 맥 잎을 갖고 있습니다. 튤립의 꽃잎은 팬지나 장미의 섬세한 꽃잎과 달리 두꺼운 다육질이고 조금 투박하지요. 튤립은 이른 봄에 꽃을 피우며 알뿌리에서 바로 자랍니다. 튤립은 해의 힘과 온기가 가장 세지기를 기다리지 않습니다.

　　두 가지 커다란 식물 집단, 즉 더 단순한 꽃식물과 더 완전한 꽃식물이라는 두 집단 사이에는 또 다른 차이점이 있습니다. 이 차이점을 이해하기 위해 씨앗이 어떻게 자라는지 생각해 보겠습니다.

우리는 씨앗이 어느 식물에서 나왔는지 미리 알고 있는 것이 아니라면 그 씨앗에서 어떤 식물이 자랄지 바로 알기가 어렵습니다. 씨앗은 읽지 않은 책과 같습니다. 누군가가 책의 내용을 이야기해 주지 않으면 그 속에 어떤 내용이 담겨 있는지 알 수 없으니까요. 해와 땅, 물과 공기는 그 작은 책을 펼쳐서 그 속에 담긴 것을 우리에게 보여 줍니다.

어느 작은 씨앗 속에 어떤 종류의 식물이 숨겨져 있는지 알고 있다고 상상해 봅시다. 이 식물을 마당에서 기르려고 합니다. 그렇다면 무엇보다 이 작은 씨앗이 제대로 자랄 수 있는 환경을 만들어 주어야 하겠지요. 씨앗을 심을 자리에 잡초나 잔디가 있다면, 씨앗에서 나올 작디작은 식물이 제대로 자라기 어려울 테니 잡초나 잔디를 꼭 뽑아 주어야 합니다.

그다음에는 땅에서 흙을 살짝 파내야 합니다. 씨앗 주변의 흙을 보슬보슬하게 해 주어야 하고요. 땅이 너무 단단하면 씨앗이 자라기 어려울 테니까요. 어떤 아이들은 직접 땅을 파면서 그 씨앗을 받아들일 마음의 준비를 하지요. 이때 하나 더 기억해 두어야 할 점은 씨앗을 심기에 적당한 시기를 골라야 한다는 것입니다. 마당에서 자라는 다른 꽃들은 각기 씨앗을 심기 적당한 때가 다릅니다. 당연히 봄꽃은 가을꽃보다 일찍 심어야 할 것입니다. 정원사는 각각의 꽃을 언제 심어야 좋은지 잘 압니다.

고대 페르시아 시대 이래 수천 년에 걸쳐 사람들은 꽃이나 작물의 씨앗을 심었습니다. 고대 사람들은 달이 식물의 성장과 관련이 있다는 것을 발견했습니다. 해와 땅, 물, 공기분만 아니라 달도 식물의 성장과 관련이 있어요.

고대인들은 보름달이 뜨기 사흘 전에 씨앗을 심으면 다른 시기에 심었을 때보다 식물이 더 튼튼하게, 더 빨리, 더 잘 자란다는 것을 깨달았습니다. 씨앗을 심기에 가장 좋은 때는 보름달이 뜨기 사흘 전입니다. 이때 달은 여전히 '차오르고'(즉 '성장하고') 있습니다.

차오르는 달이 식물이 잘 자라도록 돕는다는 이 지식이 오늘날에는 잊혔습니다. 오늘날 사람들은 대개 이것에 관해 잘 모르거나 믿지 않지요. 하지만 그 지식을 여전히 간직하고 있는 사람들은 씨앗을 적당한 시기에 심고 더 나은 결과를 얻습니다. 이 사람들이 심는 식물은 더 튼튼하게 더 빨리 자랍니다.

땅에 씨앗을 심고 적절히 물을 준 다음 해가 땅에 빛을 내리쬐면 가장 먼저 어떤 일이 벌어질까요? 땅속의 작은 씨앗은 스펀지처럼 부풀어 오릅니다. 물을 뿌리면 씨앗은 점점 더 커집니다. 그리고 땅속으로는 작디작은 뿌리가 아래로 자라고, 땅 위로는 작은 잎들이 빛을 향해 위로 자랍니다.

가장 먼저 나는 작은 잎들은 씨앗에서 바로 납니다. 이 잎들은 나중에 나올 진짜 잎과는 전혀 달라요. 이 잎들은 알이나 하트 모양입니다. 옛날에 왕이 궁궐에서 나올 때 전령들을 앞세운 것을 알고 있지요? 전령이란 왕 앞에서 걸으며 "임금님 납시오! 임금님 납시오!"라고 외치던 사람들을 말합니다. 왕은 반드시 전령들을 시켜 자신의 등장을 미리 알린 다음에야 나타났습니다. 전령들이 왕을 위해 길을 터 준 것이지요. 씨앗에서 바로 나온 작은 잎들, 즉 씨앗 잎은 전령들과 같습니다. 씨앗 잎은 땅을 뚫고 나와서 진짜 잎, 그리고 나중에 나타날 꽃을 위해 길을 터 줍니다. 씨앗 잎 또는 '전령 잎'을 식물학에서는 떡잎이라고 부릅니다. 진짜 잎은 씨앗이 아니라 줄기에서 자라납니다.

우리는 두 가지 식물 집단을 알고 있습니다. 하나는 나란히맥 잎이 나는 꽃식물이고 하나는 그물맥 잎이 나는 꽃식물입니다. 이 두 식물 집단은 전령 잎에서도 차이가 납니다. 생김새가 단순한 나란히맥 잎을 가진 식물은 전령이 한 명이어서 씨앗에서 오로지 **한 장**의 전령 잎(식물학에서는 이것을 외떡잎이라고 부릅니다)만을 내보냅니다. 더 완전한 식물, 그러니까 진짜 잎이 그물맥 잎인 식물은 씨앗이 전령을 두 명 내보내기 때문에 두 장의 떡잎(쌍떡잎)이 납니다.

장미   **18**

꽃식물은 종류가 매우 다양합니다. 한 학기 내내 꽃식물의 여러 갈래에 관해서만 이야기하며 보낼 수도 있을 정도이지요. 아마 그렇게 한다고 해도 모든 갈래를 다 다루지도 못할 테지만요.

우리는 아름다운 꽃식물인 튤립에 관해 배웠습니다. 누구나 튤립을 알고 누구나 한 번쯤은 튤립을 본 적이 있지요. 튤립은 꽃식물의 한 갈래(저학년 아이들과 비슷한 갈래)에 속합니다. 이 갈래의 꽃식물은 나란히맥 잎을 가지며 씨앗 잎이 하나뿐인 외떡잎식물입니다.

다른 갈래, 그러니까 그물맥 잎과 쌍떡잎을 갖는 더 완전한 식물 중에도 누구나 잘 아는 아름다운 꽃식물이 있습니다. 이제부터 장미를 살펴보겠습니다.

사람들은 언제나 장미를 꽃의 '여왕'이라고 불러 왔습니다. 장미는 그 어떤 식물보다도 꽃잎이 아름답고 향기가 달콤합니다. 어째서 우리는 '장밋빛' 뺨이라는 말을 쓸까요? 어째서 우리는 누군가의 뺨을 보고 '장미 같다'고 할까요? 무엇이 우리의 뺨을 '장밋빛'으로 물들일까요? 우리의 뺨을 장밋빛으로 물들이는 것은 살갗 아래에서 흐르는 피입니다. 우리가 빠르게 달리면 피가 더 빠르게 흐르고 누구나 뺨이 '장밋빛'이 됩니다. 우리의 피는 붉은 장미의 빛깔을 띠기 때문입니다.

튤립과 달리 장미는 서두르지 않습니다. 장미는 꽃을 피우기까지 충분한 시간을 갖습니다. 장미꽃은 봄에 피지 않습니다. 장미꽃은 해가 연중 정점에 이르렀을 때, 그러니까 해의 빛과 온기가 가장 강렬해지는 여름에 모습을 드러냅니다.

장미는 또한 초록색 잎에도 정성을 다합니다. 모든 잎에 '그물맥'이 있고 모든 잎의 가장자리가 작디작은 톱니들로 이루어져 있습니다. 공동 줄기 하나에 작은 잎들이 붙어 있고 이 잎들은 다시 하나의 커다란 잎을 이룹니다. 일곱 장의 작은 장미 잎이 하나의 공동 줄기에서 자라나 다시 하나의 커다란 잎을 이루고 있는 모습을 여러분은 쉽게 찾아볼 수 있습니다. 장미의 잎 역시 가장자리가 매끄럽고 단순한 튤립의 잎과 무척이나 다르지요!

장미는 해를 사랑하는 것 못지않게 땅도 사랑합니다. 장미는 땅속 깊이 단단하고 강인한 뿌리를 내립니다. 각각의 뿌리에는 가지들이 있고 각각의 가지는 다시 작은 가지들로 나뉩니다. 엄밀한 의미에서 각각의 장미 뿌리는 땅속을 향해 자라나는 한 그루의 작은 '나무'입니다. 하지만 이 나무는 거꾸로 자라는 나무이지요. 이것 역시 튤립과 얼마나 다른지 생각해 보세요. 튤립은 알뿌리에서 자란 반듯하고 가느다란 뿌리만 있습니다. 튤립은 몹시 서두르는 탓에 땅을 편안한 집으로 삼지 못해요. 그저 땅에 닿아만 있지요. 튤립이 까치발로 달음질치는 사람을 닮았다면, 장미는 단호하고 힘차게 걷는 사람을 닮았습니다.

장미가 땅을 사랑하는 것은 뿌리에서만 나타나지 않습니다. 여러분도 기억하듯 나무의 목질은 사실상 땅입니다. 나무줄기는 사실 위로 뻗어 나가는 땅과도 같습니다. 장미는 '목질 식물wood plant'입니다. 장미는 땅을 위로 끌어당겨, 목질의 날씬한 줄기와 가지를 갖습니다. 장미는 관목입니다. 우리는 제대로 된 나무가 아닌 목질 식물을 관목이라고 부릅니다.

장미의 가지들은 빛을 향해 위로만 자라지 않습니다. 장미의 줄기는 활처럼 구부러지고 그 끝은 살짝 다시 땅 쪽을 향합니다. 이처럼 장미는 튤립과 무척 다릅니다. 튤립의 줄기는 튼튼한 목질을 만들 시간이 없습니다. 튤립은 전혀 목질을 띠지 않으며 땅에 마음을 쓰지 않습니다. 튤립의 줄기는 땅으로부터 멀어져 빛을 향해 위로만 곧게 뻗습니다.

그러니 여러분도 알겠지요. 장미는 자기가 땅을 몹시 사랑한다는 것을 진정으로 보여 주고 있습니다. 또한 장미꽃을 통해 장미가 해의 사랑스러운 자식이라는 것도 알 수 있습니다. 튤립은 꽃받침과 꽃이 구분되지 않습니다. 꽃받침이 꽃으로 바뀌지요. 장미는 절대 그렇지 않습니다. 장미의 꽃받침, 다시 말해 장미의 초록색 꽃받침잎은 장미의 꽃잎과는 아주 다릅니다. 장미의 꽃받침잎은 오므리고 있을 때 나비의 번데기처럼 조가비 모양을 이룹니다. 이 조가비에서 장미의 꽃잎이 태어납니다. 번데기에서 나비가 태어나는 것처럼요.

튤립과 그 가족에 속하는 백합, 히아신스, 수선화 등등은 하나같이 땅에 마음을 많이 쓰지 않습니다. 이 꽃들은 육각 별을 따릅니다. 반면에 장미는 땅을 사랑하고 오각 별을 따릅니다. 야생 장미(들장미)의 꽃잎은 다섯 장입니다. 정원에서 자라는 장미는 들장미보다 꽃잎이 훨씬 더 많습니다. 하지만 여러분이 장미 꽃잎의 개수를 세어 보면 언제나 5로 나누어떨어진다는 사실을 발견할 것입니다. 장미는 구구법의 5단을 알고 있는 것이지요!

장미의 꽃잎이 다 떨어지면 다섯 장의 꽃받침잎, 즉 꽃받침만이 남고 장미는 다시 오각 별이 됩니다. 이 다섯 장의 꽃받침잎에는 한 가지 비밀이 있습니다. 지금 그 비밀을 알려주겠습니다. 장미의 꽃잎이 모두 떨어지고 남은 이 꽃받침잎 중 일부에는, 그러니까 모든 꽃받침잎이 아니라 일부 꽃받침잎에는 작은 '수염'이 달려 있답니다.

장미의 꽃받침잎들. (아래에서 위로, 즉 줄기에서 꽃 쪽으로 숫자를 매겼습니다) 첫 번째와 두 번째 꽃받침잎에는 양쪽에 '수염'이 있고, 세 번째 꽃받침잎에는 한쪽에만, 네 번째와 다섯 번째 꽃받침잎에는 '수염'이 없습니다.

1번과 2번은 양쪽에 수염이 있고 3번은 한쪽에만 수염이 있습니다. 4번과 5번에는 수염이 없습니다. 이제 우리는 오각 별을 그리며 한 바퀴 돌았습니다.

이렇듯 해와 땅을 사랑하고 해와 땅에게 충실한 장미는 오각 별을 따릅니다. 반면에 튤립과 백합은 육각 별을 따릅니다.

장미 가족   <u>19</u>

　　장미는 해를 사랑하는 것 못지않게 땅을 사랑하는 식물이므로, 장미 안에서는 해의 힘과 땅의 힘이 완벽한 조화를 이룹니다. 해와 땅의 균형이 완벽한 장미는 모든 식물 중에서 가장 완전한 식물입니다. 장미보다 색이 다채로운 꽃잎이 있거나 더 강한 향을 가진 식물이 있을 수 있지만, 해의 힘과 땅의 힘이 장미 안에서 이루는 완벽한 조화는 다른 어떤 식물에서도 찾아볼 수 없습니다.

　　우리가 배운 고대의 인도 사람들을 돌아봅시다. 고대 인도인들은 땅에서의 삶에 사실 크게 애착을 보이지 않았습니다. 인도의 성인들은 일을 많이 하지 않고 기도로 시간을 보내며 정신을 천상에 집중했기 때문에, 배고픔과 목마름, 추위와 더위, 땅에서의 삶 그 자체는 그들에게 큰 의미가 없었습니다. 우리는 목질 없이 가느다란 뿌리만을 가진 튤립, 백합, 수선화에서 고대 인도에서의 삶을 떠올려 볼 수 있습니다.

그런데 페르시아에 관해 배울 때는 다른 점이 있었습니다. 잠시드 왕의 꿈에 태양신 아후라 마즈다가 나타나 황금 단검을 보여 준 일화를 떠올려 봅시다. 잠시드 왕은 이 꿈을 훌륭한 쟁기를 만들어야 한다는 뜻으로 이해했습니다. 페르시아인들은 해를 사랑하고 태양신 아후라 마즈다를 사랑했지만 그에 못지않게 땅도 사랑했습니다. 페르시아인들은 최초의 농부들이었습니다. 작물을 기르고, 꽃을 피우고, 열매를 수확한 최초의 사람들이지요. 그들은 땅을 인간을 위한 집으로 바꾸었습니다.

여러분은 페르시아인들이 장미와 비슷하다는 것을 쉽게 알 수 있을 겁니다. 페르시아인들은 해와 땅 모두를 사랑합니다. 그리고 놀라운 사실이 있습니다. 꽃잎이 다섯 장뿐인 야생 장미를 꽃잎이 그보다 훨씬 더 많은 원예 장미로 바꾼 사람들도 바로 페르시아인들이었습니다. 그들이 어떻게 그 일을 했는지는 아무도 알지 못합니다. 오늘날에는 들장미를 원예 장미로 바꾸는 지혜를 누구도 갖고 있지 않습니다. 야생 장미의 어린줄기에 원예 장미를 '접붙여' 야생종을 원예종으로 바꿀 수는 있지만 그러려면 먼저 원예 장미가 있어야 합니다.

장미는 커다란 가족에 속한 한 식물일 뿐입니다. 과일나무도 다 장미와 같은 가족에 속합니다. 사과나무, 배나무, 벚나무, 자두나무, 복숭아나무, 살구나무 모두 장미 가족에 속하고 모두 꽃잎이 다섯 장인 꽃을 피우지요. 그런데 장미는 자신이 가진 힘을 모조리 꽃에 쏟아붓습니다. 들장미의 열매는 우리가 가을에 볼 수 있는 작고 빨간 '로즈힙'입니다. 로즈힙은 즙이 그리 많지 않습니다. 사람들은 로즈힙의 즙으로 향긋한 시럽을 만들지요. 주스를 만들려면 엄청나게 많은 양의 로즈힙이 필요합니다. 장미와 달리 과일나무는 대체로 꽃에 힘을 모조리 쏟아붓지 않습니다. 주로 열매에 힘을 쓰지요. 사과를 구울 때 나는 향긋한 냄새를 떠올려 보세요! 사과나무는 자신이 가진 힘을 꽃이 아닌 열매에 쏟아붓고 향도 열매로 갑니다.

그러니 사과나무는 장미이되 이렇게 말하는 장미입니다. "나는 꽃으로 인간의 눈을 기쁘게 하거나, 꽃잎의 향기로 인간의 코를 기쁘게 하지 않겠어. 나는 그보다 더 많은 일을 하겠어. 내 열매가 품은 과즙의 상큼한 맛으로 인간을 기쁘게 해 줄 거야."

열매를 맺으려면 땅의 힘이 필요합니다.(씨방이 작은 땅이라는 것을 기억하세요) 사과나무는 장미보다 땅으로부터 더 많은 힘을 얻어야 합니다. 그래서 사과나무는 관목이 아닌 나무가 되었습니다. 사과나무는 장미보다 목질이 더 많이 필요합니다. 다시 말해 땅이 더 많이 필요합니다. 아름다운 꽃에 더 많은 힘을 쏟기 위해 관목으로 머무는 장미에서는 로즈힙만 자랄 수 있습니다. 모든 과일나무는 사과나무처럼 땅에서 더 많은 도움을 받아야 하므로 나무가 되어야 합니다.

장미 가족의 모든 구성원(원예 장미, 사과나무, 복숭아나무 등)은 각자의 방식으로 기쁨과 즐거움을 우리에게 선물합니다. 장미가 페르시아에서 온 것처럼 과일나무들도 페르시아에서 왔습니다. 고대 페르시아의 사람들은 해를 사랑한 만큼 땅을 사랑했지요.

　　사과꽃과 장미꽃 사이에는 또 다른 중요한 차이점이 있습니다. 과즙이 많은 열매를 맺고 싶은 사과나무는 꽃 속에 꽃꿀을 많이 품고 있습니다. 꽃꿀은 벌이 꿀을 만들기 위해 찾아다니는 향긋한 즙입니다. 그래서 우리는 사과꽃이 필 때면 으레 꽃꿀을 찾아온 수많은 벌의 윙윙거림을 들을 수 있습니다. 장미는 사과나무보다 '마른' 식물입니다. 로즈힙은 과즙이 많지 않고 장미꽃에는 벌들에게 줄 꽃꿀이 없습니다. 벌들은 먹이를 만들려면 꽃가루도 필요하기 때문에 꽃가루를 모으러 장미를 찾기는 하지만 장미의 꽃봉오리 주변에는 사과나무 주변만큼 많이 모여들지 않습니다. 이렇듯 장미는 자신이 가진 모든 힘을 아름다움에 주지만, 사과나무를 비롯한 모든 과일나무는 자신이 가진 대부분의 힘을 과즙이 풍부한 열매에게 줍니다.

야생 양배추   **20**

　사과나무가 가지고 있는 힘을 전부 열매로 보낸다면 장미는 꽃을 피우기 위해 자신의 힘을 간직합니다. 식물은 모든 부분에 똑같은 힘을 보내지 않습니다. 어느 부분은 강하게 만들고 어느 부분은 작거나 약하게 만들 수 있어요. 이를테면 대황은 힘을 전부 줄기와 잎으로 보내지만, 선인장은 전부 줄기로 보냅니다.
　여러분이 피아노로 세 음을 연주한다면 한 음은 세게 치고 나머지 두 음은 부드럽게 칠 수 있을 겁니다. 아니면 한 음은 길게 치고 나머지는 짧게 칠 수도 있겠지요. 식물 중에도 진정한 예술가가 있습니다. 이 식물은 때로는 어느 한 부분을 나머지 부분보다 도드라지게, 즉 크고 강하게 만들고, 때로는 다른 부분을 더 크고 강하게 만듭니다. 이 식물은 인간의 도움, 그러니까 정원사나 농부의 도움을 받아 지금까지 다양한 선율을 연주해 왔습니다. 인간의 도움이 없었다면 이 식물은 지금과 같이 다양한 모습을 띨 수 없었겠지만, 정원사들이 도움을 줄 수 있었던 것은 이 식물이 애초에 퍽 특별했기 때문입니다. 이 식물은 무척이나 다양한 형태를 띠기 때문에 그 모든 형태가 단 하나의 식물에서 나왔다고 짐작하기 어려울 것입니다. 이 식물은 실로 수많은 모습으로 변장할 수 있답니다. 그 모든 식물이 실은 똑같은 식물이라고 절대 생각하지 못할 거예요. 이 식물은 자신이 가진 힘을 언제나 다른 부분으로 보낼 수 있습니다. 이 식물은 오각 별이나 육각 별을 따르지 않습니다. 이 식물은 사각 별을 따릅니다. 이 식물의 잎은 십자꼴(十)로 자라납니다.

먼저, 이 식물에 어떤 부분들이 있는지 살펴보겠습니다.

1_꽃   2_줄기   3_잎   4_뿌리

이 식물은 가진 힘을 전부 꽃으로 보낼 수도 있고, 전부 줄기로 보낼 수도 있으며, 전부 잎으로 보낼 수도, 전부 뿌리로 보낼 수도 있습니다. 그리고 그때마다 대단히 다른 모습을 띠게 됩니다. 그렇지만 이 점을 기억하세요. 이 식물은 진화하면서 자신이 가진 힘을 일단 전부 뿌리로 보냈습니다. 그렇게 해서 거대하고 두꺼운 뿌리를 가진 새로운 식물은 줄곧 그 상태로 머물렀습니다. 그 자체로 별개의 식물이 된 것이지요. 이 식물이 인간의 도움을 받아 자신이 가진 힘을 전부 뿌리로 보낸 결과 우리가 아는 순무가 세상에 나왔습니다. 순무는 이 특별한 식물이 변장한 한 가지 모습입니다. 이 식물이 순무로 변장하면 모든 힘은 뿌리로 갑니다.

농부들과 정원사들은 이 식물이 모든 힘을 줄기로 보내어 뿌리 대신 줄기가 점점 더 불룩하고 꽉 차고 두꺼워지게 만들었습니다. 그 결과 또 다른 채소가 생겨났지요. 영국에서는 그리 잘 알려지지 않았지만, 유럽 대륙에서는 이 채소를 순무만큼이나 즐겨 먹습니다. 모든 힘을 줄기로 보내어 생겨난 새로운 채소는 콜라비입니다.

이 식물이 변장한 또 다른 모습은 양배추입니다. 이 식물의 모든 힘이 초록색 잎으로 가면 양배추가 생겨납니다. 그러니까 양배추와 순무는 원래는 똑같은 하나의 특별한 식물에서 왔습니다.

이번에는 모든 힘이 꽃으로 간 경우를 살펴볼까요. 정원사들은 해가 꽃을 만들지 못하게 방해하려고 커다란 초록색 잎들을 떼어 내고 큰 봉오리에 덮개를 씌웁니다. '열매받기(과탁)'만 크게 자라도록 하려는 것이지요. 그래도 열매받기에는 꽃봉오리가 수없이 많이 달리게 됩니다. 열매받기는 색이 하얗습니다. 해가 닿을 수 없기 때문이지요. 그리고 부드럽습니다. 이 채소는 콜리플라워입니다. 이 식물의 진짜 이름은 양배추꽃이어야 합니다. 콜리플라워는 양배추의 한 종류이고 자신이 가진 모든 힘을 꽃의 일부인 열매받기로 보내기 때문이지요.

이 식물이 변장한 모습은 또 있습니다. 잎이 처음으로 자라나기 시작하는 지점을 잘 살펴보면 그곳에는 우리가 '눈'이라고 부르는 작은 점이 있습니다. 동물의 눈처럼 생겨서 눈이라고 부르지요. 우리는 이것을 '겨드랑눈(액아)'이라고 부릅니다. 이 특별한 식물은 모든 힘을 이 눈들(처음으로 돋아나는 작은 잎들)에 보낼 수 있습니다. 그러면 각각의 눈으로부터 작디작은 양배추가 자라나지요. 이 작은 양배추들은 방울다다기양배추라고 부릅니다.

　이렇듯 다섯 가지 다른 채소로 자랄 수 있는 특별한 식물의 이름은 야생 양배추입니다. 따뜻한 나라에서 자라는 야생 식물이지요. 이 다섯 가지 식물은 다들 야생 양배추가 '변장'한 여러 모습입니다. 이 식물이 양배추가 될지, 콜리플라워가 될지, 순무가 될지는 이 식물이 가진 힘을 잎으로 보낼지, 꽃으로 보낼지, 뿌리로 보낼지에 달려 있습니다.

쐐기풀 **21**

지금까지 우리는 튤립이나 장미처럼 꽃이 아름답기 때문에 정원에서 기르는 식물과 다양한 종류의 양배추처럼 우리가 먹기 위해 기르는 식물에 관해 배웠습니다. 그런데 이번에 배울 식물은 좋아하는 사람이 거의 없습니다. 이 식물은 아름다운 꽃을 피우지도, 과즙이 풍부한 열매를 맺지도 않으며, 기분 좋은 향기를 풍기지도 않지만 실은 착한 식물입니다. 바로 쐐기풀입니다.

쐐기풀에 관해 맨 처음 알아야 할 것은 이 식물이 대단히 강인하다는 것입니다. 여러분도 알듯이 정원이나 채소밭에서 키우는 식물은 사람의 보호가 필요합니다. 적절한 흙에 심어야 하고 잡초도 뽑아 주어야 하지요. 비가 충분히 내리지 않으면 물도 주어야 하고요. 이렇듯 정원이나 채소밭의 식물은 잘 관리해야 하지만 야생 식물인 쐐기풀은 어느 흙에서든 잘 자랍니다. 쐐기풀은 그야말로 최악의 토양 조건에서도 자랄 수 있습니다.

쐐기풀은 강인한 식물이기만 한 것이 아닙니다. 한번쯤 주의

깊게 살펴보았다면 여러분은 쐐기풀이 아름답다고도 할 것입니다. 쐐기풀 잎의 아름다운 배열을 보십시오. 쐐기풀의 잎은 네 줄로 납니다. 맨 아래 줄의 두 장은 두 번째 줄의 두 장과 십자꼴을 이루고, 세 번째 줄의 두 장은 네 번째 줄의 두 장과 십자꼴을 이룹니다. 잎 또한 그 자체로 아름답습니다. 쐐기풀 잎의 끝이 뾰족한 가장자리는 섬세한 깃털을 닮았습니다.

하지만 이 아름다운 잎에는 '털'이 나 있습니다. 쐐기풀을 만지면 따가운 이유는 이 털 때문입니다. 사실 이 '털'은 평범한 털이 아니라 미세한 유리 파편과 비슷한 뻣뻣한 강모입니다. 쐐기풀의 강모를 만지면 강모들이 부서지며 생기는 파편이 살갗을 뚫고 들어갑니다. 그러면 마치 불에 덴 것 같은 느낌이 드는데 이는 강모 안에 들어 있는 즙 때문입니다. 이 즙은 피부를 따갑게 만듭니다.

우리가 주변에서 보는 쐐기풀은 그저 따가울 뿐입니다. 이 느낌은 실제로는 별다른 해를 끼치지 않고 곧 사라집니다. 하지만 무더운 열대 지방의 쐐기풀은 훨씬 독합니다. 이 쐐기풀에 찔리면 며칠간 앓기도 하지요. 그래서 우리 주변의 쐐기풀은 사실 착한 친구입니다. 우리에게 실제로는 아무런 해도 끼치지 않으니까요.

쐐기풀도 꽃을 피웁니다. 밝은 연보라색 꽃이지요. 하지만 꽃 크기가 작고 향이 없어 곤충들을 유혹하지는 못합니다. 쐐기풀의 꽃가루는 바람이 옮깁니다. 그런데 쐐기풀은 우리가 지금까지 배운 식물들과 한 가지 다른 점이 있습니다. 쐐기풀은 어느 꽃에는 암술과 씨방 없이 수술만 있고 어느 꽃에는 수술 없이 암술과 씨방만 있습니다. 그래서 바람이 수술의 꽃가루를 암술과 씨방만 있는 쐐기풀 꽃에 실어다 줍니다.

벌이나 나비를 꽃으로 유혹하지는 않지만 쐐기풀은 어떤 나비들에게 아주 좋은 친구입니다. 이 나비들(특히 붉은제독나비)이 쐐기풀 잎에 알을 낳으면 알에서 나온 애벌레는 쐐기풀 잎을 먹습니다. 우리를 따갑게 찌르는 쐐기풀 잎을 애벌레가 먹고 자라는 것을 보면 쐐기풀 잎이 애벌레는 찌르지 않는 모양입니다. 그리고 나중에 이 애벌레로부터 아름다운 붉은제독나비가 나옵니다. 혹시 정원사들이 쐐기풀을 없애려고 제초제를 사용한다면 그들은 안타깝게도 나비까지 없애버리는 셈입니다. 쐐기풀은 그 자체로는 아름다운 꽃을 피우지 않지만 애벌레들에게 친절합니다. 어찌 보면 쐐기풀은 '하늘을 나는 꽃'인 나비를 만드는 셈입니다.

봄이 오면 사람들은 어린 쐐기풀 잎을 모아 수프를 끓이기도 합니다. 식물이 가진 치유의 힘을 더 잘 알았던 과거에는 병들고 허약한 사람들에게 건강을 되찾도록 쐐기풀 수프를 끓여 주었습니다. 쐐기풀 수프는 효과가 아주 좋았습니다. 쐐기풀의 여린 잎을 따는 수고를 마다하지만 않는다면 오늘날도 그러합니다. 과거 사람들은 쐐기풀의 섬유질로 실을 자아 튼튼하고 따뜻한 옷감을 짜기도 했습니다.

이렇듯 쐐기풀은 사실 우리의 착한 친구입니다. 쐐기풀은 겉으로는 거칠고 투박해 보이지만 실은 착하고 다정한 속마음을 지닌 사람들, 우리가 어려울 때 다가와 도움의 손길을 건네는 사람들을 닮았습니다.

{ 다양한 쓰임새가 있는 식물들 22-30 }

유럽 참나무   22

    지리학 수업에서 우리는 나무가 얼마나 중요한지 배웠습니다. 스칸디나비아반도 사람들에게는 숲이 부의 원천입니다. 건물, 가구, 포장용 상자, 종이, 성냥 등을 만드는 데 필요한 목재를 숲이 공급하기 때문이지요. 같은 목적으로 사람들은 숲을 통째로 베어 내기도 합니다. 하지만 나무와 숲이 중요한 다른 이유도 들어 보았을 것입니다. 목재를 사용하려고 숲을 베어 낸 뒤 나무를 다시 심지 않은 지역의 사람들은 나중에 혹독한 대가를 치렀습니다. 사실 남아메리카, 아프리카, 아시아의 여러 광활한 땅은 지금처럼 황폐하지 않을 수 있었습니다. 만일 그 지역 사람들이 나무를 몽땅 베어 버리지 않았다면 그들은 지금쯤 비옥한 흙을 갖고 있을 겁니다. 귀한 흙을 고정해 줄 나무뿌리가 없으니 흙은 빗물에 쓸려 시내나 강을 통해 바다로 흘러 들어갔습니다. 그러니 나무는 흙의 수호자입니다. 하지만 나무는 흙의 수호자이기만 한 것이 아닙니다. 나무는 잎을 떨어뜨려 새로운 흙을 만드는 일을 돕습니다. 나뭇잎은 시간이 지나면 썩어서 훌륭한 흙이 되지요.

    고대에는, 이를테면 현명한 켈트족 드루이드들이 살던 시절에 사람들은 숲속의 나무를 존경했습니다. 그들은 숲속의 나무를 경외심을 갖고 대했습니다. 대리석 기둥들로 떠받친 그 어떠한 신전도, 숲속에서 지상에서 뻗어 올라가는 나무의 줄기와 초록색 잎과 가지가 만드는 '궁륭(vault, 활처럼 굽은 아치형 천장)'처럼 아름다울 수는 없다고 느꼈습니다. 그래서 그들은 숲의 빈터에서 예배를 드렸습니다. 하지만 한때 영국을 뒤덮었던 거대한 숲들은 이제는 거의 남아 있지 않아요. 드루이드들이 특별히 숭배한 숲 나무는 참나무입니다. 현명한 드루이드들의 이름도 참나무에서 왔습니다. 그들은 참나무를 드루스drus 또는 드리스drys 라고 불렀는데(그리스어로도 참나무는 드리스입니다) '드루이드'란 참나무를 닮은 사람을 의미합니다.

참나무는 확실히 힘을 떠올리게 합니다. 참나무는 목질이 매우 단단하고, 가지는 굵고 혹이 많으며, 잎은 짙은 초록색입니다. 힘차고 강인한 참나무는 줄기가 날씬한 자작나무와 얼마나 달라 보이는지 생각해 보세요. 자작나무는 젊은 시절에 가장 사랑스러운 모습을 띠지만, 참나무는 나이가 들수록 더욱 아름답고 웅장해 보입니다. 사실 참나무는 아주 오래 삽니다. 200살은 쉽게 넘기지요. 프랑스 노르망디의 알루빌 벨포스에는 키 18m에 둘레가 15m인 참나무가 있습니다. 이 나무의 나이는 1,200살입니다.

그런데 참나무의 튼튼한 줄기와 단단하고 강한 목질은 빨리 만들어지지 않습니다. 참나무는 천천히 자라는 나무입니다. 무슨 일이든 건성건성 빨리 해치우는 것을 좋아하지 않는 사람과 비슷하지요. 참나무는 모든 일을 신중하게 잘 해내려는 사람과 닮았습니다. 꾸준하게, 느리지만 꼼꼼하게 일하는 사람과 닮았지요.

봄에 다른 나무들이 새로운 초록색 잎으로 단장을 마쳤을 때도 참나무의 가지에는 아직 아무것도 달려 있지 않습니다. 참나무는 시간을 들여 천천히 일하기 때문에 다른 나무들보다 잎이 늦게 달립니다. 대신 참나무는 다른 나무들보다 잎을 대체로 더 오래 달고 있습니다. 가을에 다른 나무들이 모두 잎을 떨군 후에도, 갈색이 되고 바싹 마른 잎을 가지에 오래 매달고 있어서 우리는 참나무 잎이 바람에 쓸려 바스락대는 소리를 들을 수 있지요.

참나무의 푸른 잎이 모습을 드러낼 즈음은 이미 늦봄입니다. 참나무의 꽃도 이때 함께 피어납니다. 그런데 참나무는 첫 꽃을 피우기까지 30여 년을 기다려야 합니다. 첫 30여 년 동안 참나무는 잎만 돋을 뿐 꽃은 피지 않습니다.

강하고 단단해지고 싶어 하는 참나무 같은 친구가 화려하고 아름다운 색깔의 꽃을 피울 거라 기대하기는 어렵습니다. 그런 종류의 꽃은 참나무와는 전혀 어울리지 않겠지요. 그것은 마치 독수리가 찌르레기처럼 사랑스레 노래하리라고, 참새처럼 귀엽게 짹짹대리라고 기대하는 것과 같습니다. 맞아요, 참나무 꽃은 작디작은 꼬리모양 꽃차례(미상화서)여서 꽃이라고 알아채기조차 어렵습니다. 참나무는 달콤한 열매도 만들지 못합니다. 그런 열매도 이처럼 힘찬 나무에게는 어울리지 않겠지요. 참나무의 열매는 자그마한 컵에 담긴 도토리입니다.

도토리가 작기는 하지만 그렇다고 바람이 흩뿌려 줄 만큼 작은 종류의 씨앗은 아닙니다. 도토리는 나무 밑으로 툭 떨어집니다. 이렇게 참나무 밑으로 떨어진 도토리들이 전부 다 새로운 나무로 자라지는 못합니다. 씨앗은 싹이 트고 난 다음에도 충분한 햇빛이 필요하니까요. 햇빛이 오래된 나무의 잎들을 통과해 가기는 해도 그 양은 새로운 나무가 자랄 수 있을 만큼 충분하지 않습니다.

그러면 새로운 나무들은 어떻게 자라날까요? 어느 커다란 새, 깃털이 연갈색과 하얀색이고 날개와 꼬리는 검고 흰 커다란 새가 도토리를 몹시 좋아합니다. 이 새의 이름은 어치입니다. 어치는 가을이 오면 도토리를 보는 족족 전부 먹고 싶어 합니다. 그런데 도토리가 너무 많아서 다 먹을 수 없어요. 그렇다고 도토리를 두고 가고 싶지도 않습니다. 어치는 그래서 도토리 중 일부는 가져가고 일부는 적당한 자리를 잡아서 부리로 구멍을 파서 그 안에 도토리를 넣은 다음 흙으로 덮습니다. 어치는 도토리를 보면 항상 이렇게 한답니다. 나중에 이곳으로 돌아와 흙을 파헤쳐 도토리를 다시 꺼내는데 항상 몇 개는 놓치기 마련이지요. 그래서 이듬해 봄이 되면 땅 여기저기에서 새로운 참나무의 작은 새싹이 돋아납니다. 그러니까 어치는 새로운 참나무가 자라도록 도움을 주는 셈입니다.

예쁜 꽃이나 향긋한 열매를 만들 수 없는, 거칠고 강한 참나무도 달콤함을 선물할 때가 있습니다. 처음에는 투박하고 거칠어 보였던 사람이지만 시간이 지나 더 잘 알게 되면 거친 겉모습 뒤에 실은 다정한 마음씨가 있다는 것을 알게 될 때가 있지요. 그러한 마음씨는 특별한 일이 있을 때만 드러납니다.

혹벌이라는 특별한 말벌이 있습니다. 이 말벌은 침으로 참나무 잎에 구멍을 내고 그 안에 알을 낳고 날아갑니다. 이렇게 혹벌이 자식들을 참나무에게 맡기고 떠나면, 강인하고 단단한 참나무는 알에서 나온 작디작은 애벌레의 다정한 보호자가 됩니다. 참나무의 잎은 각각의 작은 애벌레 주변에 체리만 한 크기의 자그마한 빈 공(충영)을 만듭니다. 이 초록색 공 안에는 달콤한 즙이 들어 있어서 애벌레는 혹벌이 되어 날아갈 수 있을 때까지 이 즙을 먹고 살아요. 그래서 참나무는 두 가지 열매를 맺는다고 말할 수 있겠습니다. 하나는 도토리이고, 하나는 오로지 혹벌의 애벌레만을 위한 충영입니다. 이 작은 공, 충영에는 달콤한 즙뿐만 아니라 아주 쓴 즙도 들어 있습니다. 이 쓴 즙은 우리가 가죽을 무두질할 때 씁니다. 충영의 즙으로 짐승의 가죽을 무두질하면 가죽이 부드럽고 탄력이 생깁니다.

참나무에 무언가 특별한 것이 있다는 드루이드들의 생각은 퍽 옳았습니다. 참나무의 열매는 그 자체로는 도토리뿐이지만, 참나무는 작은 생명체들을 위해 달콤한 즙이 든 충영을 길러 냅니다.

자작나무 23

  이제 우리는 참나무를 숲의 왕이라고 부를 수 있지 않을까요. 참나무는 힘차고 튼튼하고 강한 나무이니까요. 그렇다면 자작나무는 숲의 여왕으로 불러 마땅합니다. 자작나무는 우리가 아는 가장 우아하고 기품 있는 나무이기 때문입니다. 자작나무와 참나무의 줄기를 비교해 보겠습니다. 한눈에도 참나무는 바람에 굳건히 버티는 줄기를 갖고 있다는 것을 알 수 있지요. 그에 비해 자작나무는 바람에 따라 흔들리는 늘씬하고 유연한 줄기를 갖고 있습니다. 자작나무는 바람과 무척 친하기 때문에 바람과 더불어 몸을 흔들고 춤을 춥니다. 참나무의 껍질은 거칠고 어둡지만, 자작나무의 껍질은 부드럽고 하얀 바탕에 검은 줄무늬가 있습니다.

  참나무의 소박하고 둥근 잎 역시 자작나무 잎에 비하면 무척 투박해 보입니다. 자작나무의 세모꼴 잎은 가장자리가 작고 뾰족한 톱니들로 이루어져 있습니다. 바람이 불면 자작나무의 연초록색 잎은 작은 깃발처럼 펄럭이지요. 가을에는 황금같이 밝은 노란색을 띤답니다.

  밤나무나 참나무처럼 거대하고 튼튼한 나무는 다들 제대로 된 왕관(crown, 우리말로는 이 부분을 나무갓이라고 부릅니다)을 쓰고 있습니다. 나무줄기 위로 솟아오른 부분을 왕관이라고 해요.

다양한 쓰임새가 있는 식물들

나무줄기에서 튼튼한 큰 가지들이 뻗어 나오고 이 큰 가지들에서 다시 가지들이 자라나면 이러한 왕관이 생기지요. 하지만 자작나무는 그렇지 않습니다. 자작나무는 줄기에서 바로 가느다란 가지들이 꺾인 듯이 옆으로 자랍니다. 이것은 마치 "튼튼한 가지들을 세워서 바람을 방해하고 싶지 않아. 나는 가느다랗고 낭창낭창한 가지들이 바람에 따라 이리저리 흔들리는 것이 좋아."라고 말하는 것 같습니다. 그래서 자작나무에게는 제대로 된 왕관이 없습니다.

사실 자작나무는 젊은 나무입니다. 언제나 젊은이로 있고 싶은 자작나무는 참나무처럼 오래 살지 않습니다. 자작나무는 보통 100여 년을 삽니다. 그보다 아주 오래 사는 일은 드물지요. 이런 자작나무에는 참나무와 같은 점이 한 가지 있습니다. 참나무처럼 색깔이 화려한 예쁜 꽃을 피우지 않아요. 참나무의 꽃처럼 자작나무의 꽃도 크기가 아주 작은 꼬리모양 꽃차례입니다. 자작나무의 꼬리모양 꽃차례들은 봄이 되면 아래로 축 늘어집니다. 그런데 자작나무의 꽃차례에서 자라는 씨앗은 참나무의 통통하고 묵직한 도토리와 사뭇 다릅니다. 자작나무의 씨앗은 몹시 작아서 아주 가까이에서야 겨우 볼 수 있습니다. 아니면 돋보기를 사용해야 해요. 자작나무는 씨앗마다 작은 날개가 달려 있습니다. 날개 달린 작은 씨앗은 쉽게 바람에 실려 사방으로 널리 퍼집니다. 그러니 바람과 자작나무는 진짜 친한 친구이지요. 자작나무는 씨앗을 퍼뜨려 줄 새가 필요하지 않습니다. 친한 친구인 바람이 날개 달린 작은 씨앗들을 공중으로 날려 줄 테니까요.

이쯤에서 자작나무처럼 상냥하고 사랑스러운 나무에 달콤

함이 없다는 사실이 실망스럽게 느껴질지도 모르겠습니다. 꼬리 모양 꽃차례로 피는 작은 꽃들은 달콤한 향이 없고 작은 씨앗도 달콤한 맛이 없으니까요. 아니요, 그런데 자작나무에는 달콤함이 있습니다. 5월에 우리가 자작나무의 껍질에 작은 구멍을 내고 관이나 빨대를 꽂으면 금세 수액이 방울방울 흘러나옵니다. 이 수액은 달짝지근한 맛이 납니다. 자작나무는 달콤함을 꽃이나 씨앗으로 보내지 않고 나무껍질 아래에 가만히 품고 있다가 잔가지와 잎으로 보냅니다.

자작나무의 향긋한 수액은 아주 훌륭한 강장제입니다. 사람들이 피곤하고 지쳤을 때 이 자작나무 강장제를 마시면 새로운 힘을 얻습니다. 이것은 놀라운 일이 아닙니다. 자작나무는 젊음의 나무이니까요. 자작나무의 즙은 나이 들고 지친 사람들에게 젊고 산뜻한 기분을 느끼게 해 줍니다.

자작나무는 젊음의 나무이기도 하지만 유용한 나무이기도 합니다. 자작나무의 목질은 무르지만 이 무른 목재를 얇게 잘라서 접착제로 붙이면 튼튼하고 유연한 합판이 됩니다. 핀란드의 대형 제재소와 공장은 자작나무에서 많은 혜택을 봅니다. 은자작나무는 핀란드에서 나라를 상징하는 나무이기도 합니다.

자작나무 껍질은 놀라우리만치 부드럽습니다. 그리고 물이 스며들지 않습니다. 이 점을 잘 알고 있던 북아메리카 원주민들은 자작나무 껍질로 카누를 만들었습니다. 북아메리카 원주민이 만든 배는 아주 가벼워서 배를 들어 이 강에서 저 강으로 쉽게 옮길 수 있습니다. 아울러 자작나무의 목재는 가구 재료나 바닥재로 사용됩니다.

이토록 쓸모가 많고 아름다운 나무이지만 자작나무는 정작 자기 자신을 위해서는 바라는 것이 별로 없습니다. 자작나무는 양분이 부족한 토양에서도 자랍니다. 혹독한 기후도 잘 견디지요. 위풍당당한 참나무보다도 눈이 내리고 얼음이 어는 추운 겨울을 더 잘 버텨 냅니다. 그래서 스칸디나비아반도에서 온통 자작나무만 자라는 숲을 흔히 볼 수 있습니다. 참나무는 노르웨이, 스웨덴, 핀란드의 북쪽 지방에서는 살지 않습니다. 온통 자작나무뿐인 울창한 숲에서 날씬한 자작나무들은 서로에게 바짝 붙어서 자랍니다. 사람들이 나무들 사이를 지나가기가 몹시 어려울 정도이지요. 하지만 북쪽의 끝에서는 자작나무조차 살지 못합니다. 북극권 위로 가면 더는 이 기다랗고 날씬한 자작나무를 볼 수 없습니다. 다만 그곳에는 키가 사람의 무릎 높이보다 크지 않고 잎의 길이가 1cm 남짓인 예쁘고 자그마한 관목이 자랍니다. 사람들은 이 자그마한 관목을 난쟁이 자작나무라고 부릅니다. 봄이 되어 난쟁이 자작나무의 가지에 매달린 작은 꼬리모양꽃차례를 보면 여러분은 이 나무가 숲의 여왕인 자작나무의 동생이라는 것을 쉽게 알아챌 수 있을 겁니다.

자작나무는 자기 자신을 위해서는 많은 것을 바라지 않습니다. 좋은 토양을 바라지 않고 따뜻한 햇볕을 많이 쪼여 달라고도 하지 않지요. 자작나무는 아름답고 다정하지만 자신의 장점을 요란스레 드러내지 않는 사람, 주변 사람들의 시선을 끌지 않는 사람을 닮았습니다. 자작나무는 겸손하고 수수하며 아주 적은 것에도 만족합니다.

야자나무 24

　식물의 뿌리는 땅에 속해 있으며 땅을 사랑하고 아래로 자랍니다. 뿌리는 언제나 빛을 피해서 자랍니다. 어둠을 좋아하기 때문이지요. 뿌리는 어머니 땅에 싸여 있기를 좋아합니다. 하지만 꽃은 빛을 향해 고개를 돌리고, 빛 쪽으로 꽃잎을 펼칩니다. 꽃잎은 빛으로부터 사랑스러운 색깔과 향기를 얻습니다. 그렇다면 초록색 잎과 줄기는 어떨까요. 초록색 잎과 줄기는 뿌리와 꽃 사이에 있습니다. 여러분의 물감 상자에서 초록색은 밝은 노란색과 짙은 파란색 사이에 있지요. 노란색과 파란색을 섞으면 초록색이 되고요. 초록색 잎과 줄기는 해를 사랑하는 꽃과 땅을 사랑하는 뿌리의 사이에 있습니다. 식물은 다 같이 땅과 해 둘 다에 속합니다. 식물에게 땅은 어머니이고, 해는 아버지입니다. 식물은 꽃을 통해 아버지 해를 향한 사랑을, 뿌리를 통해 어머니 땅을 향한 사랑을 드러냅니다. 그리고 초록색 잎과 줄기를 통해 해와 땅 둘 다를 향한 사랑을 드러냅니다.

　그렇지만 세계의 식물들이 다 똑같지는 않습니다. 해의 온기와 빛이 강한 더운 나라의 꽃은 크고 색채도 화려합니다. 식물 전체가 해에 닿고 싶어 하지요. 잎은 크고 줄기는 굵습니다. 나무줄기는 하늘 높이 자라지요. 하지만 북쪽으로 갈수록 식물은 움츠러듭니다. 꽃 크기가 작아지고 줄기는 짧아집니다. 저 끝에 자리한 북극까지 가면 자작나무는 난쟁이 자작나무가 됩니다. 그곳의 자작나무는 작은 난쟁이, 땅에 붙은 작디작은 자작나무이지요.

이렇듯 식물 세계는 적도의 열대 지방에 가까울수록 꽃과 더 비슷하고, 북쪽의 한대 지방에 가까울수록 뿌리와 더 비슷하다고 말할 수도 있겠습니다. 이 점을 잘 기억한다면 열대 지방에서 자라는 나무를 더 잘 이해할 수 있습니다. 열대 지방의 대표적인 나무로는 야자나무가 있습니다.

야자나무는 우리가 주변에서 보는 나무들과는 퍽 다르게 생겼습니다. 가지 없이 나무줄기만 위로 곧게 자라서 그렇습니다. 나무줄기에서 뻗어 나가는 것이 아무것도 없어요. 야자나무는 빛을 향해 위로 반듯하게 자라며 잎이 꼭대기에서만 납니다. 그리고 야자나무가 가지나 잔가지를 만드는 데 쓰지 않은 힘은 모조리 잎으로 갑니다. 그래서 야자나무의 잎이 그토록 큰 것이지요. 다른 나무들은 가지에 쓰는 힘을 야자나무는 전부 잎으로 보냅니다. 야자나무는 잎이 정말로 큽니다. 예를 들어 코코야자의 잎은 길이가 무려 5m로 어른 키의 두 배가 넘습니다. 하지만 이 잎들은 아주 높은 데에 있어서 우리 눈에는 그렇게까지 커 보이지 않아요. 코코야자 잎은 저 높은 곳에 있습니다. 코코야자는 키가 30m까지 자랄 수 있으니까요. 이 커다란 잎들은 그냥 넓적한 잎이 아닙니다. 이 잎들은 깃털 모양을 이룹니다. 말하자면 생김새가 양치식물과 닮았지요.

　야자나무에는 여러 종류가 있습니다. 지역과 기후에 따라 각기 다른 야자나무가 있어요. 코코야자는 축축한 바닷바람이 잎으로 불어오는 바닷가를 좋아합니다. 코코야자의 열매인 코코넛은 가끔 바다에 떨어지기도 해요. 그러면 파도가 코코야자 씨앗이 싹을 틔우기 전에 다른 섬이나 해안으로 실어다 줍니다. 코코야자의 씨앗은 싹이 나기까지 6개월까지 기다릴 수 있거든요. 그래서 아프리카, 인도, 남아메리카의 따뜻한 해안 지역 어디에서나 코코야자를 볼 수 있습니다.

　우리가 잘 아는 열매, 예를 들어 사과나 체리를 잘 살펴보면 사과의 씨앗은 과심 안에 있고, 체리의 씨앗은 딱딱한 핵 안에 있습니다. 코코넛은 아주 큰 열매이지요. 우리는 코코넛의 씨앗을 찾으려면 더 유심히 살펴봐야 합니다. 코코넛의 딱딱한 겉껍질을 잘 살피면 점 세 개가 있습니다. 겉껍질을 깨면 그 안에는 갈색 속껍질이 있습니다. 이 속껍질 안쪽에 코코넛의 하얀 '과육'이 있고 이 과육 안에는 우리에게 잘 알려진 '코코넛 밀크'가 있습니다. 여기에 과육과 코코넛 밀크가 있는 이유는 씨앗이 크고 튼튼하게 자랄 수 있도록 양분을 제공하기 위해서입니다. 씨앗은 충분히 자란 다음 땅 위로 싹을 틔우고 크고 튼튼한 야자나무로 자랍니다. 코코넛 씨앗은 처음에는 아주 작습니다. 전나무의 조그맣고 무른 솔방울처럼 생겼지요. 코코넛 씨앗은 코코넛의 겉껍질 아래, 그러니까 세 개의 점이 있는 곳에 있습니다. 작은 솔방울 같은 코코넛 씨앗은 코코넛 밀크와 과육을 서서히 빨아들이며 점점 더 크고 튼튼해지고 이윽고 작은 초록색 잎으로 자라납니다. 그러면 씨앗은 비로소 커다란 야자나무로 자랄 힘을 갖게 되지요.

우리는 코코넛을 주로 음식으로, 즉 먹을 것으로만 생각합니다. 하지만 아프리카와 인도의 사람들에게 코코넛은 쓰임새가 훨씬 더 많습니다. 갓 딴 코코넛의 부드러운 겉껍질은 초록색이나 갈색을 띱니다. 겉껍질 안에는 '코이어'라고 알려진 거칠고 부슬부슬한 털이 있습니다. 코이어 안에는 딱딱한 껍질이 있고요. 사람들은 이 거친 털을 깔개나 그물을 만드는 재료로 사용하고, 커다란 잎은 헛간의 지붕을 만들 때 사용합니다. 야자나무 잎의 기다란 띠, 즉 '깃'을 엮어서 바구니를 만들고, 한가운데의 긴 잎줄을 여러 개 꼬아서 튼튼한 밧줄을 만듭니다. 새잎의 어린 순은 채소로 맛있게 먹고, 야자나무의 수액은 몇 달 그대로 두어 달콤한 야자주로 만듭니다. 목재는 당연히 건축 재료로 쓰지요.

코코넛은 더 중요한 데에도 사용됩니다. 아프리카, 인도, 남아메리카, 그리고 특히 태평양 섬들이 있는 열대 지역에는 코코야자를 기르는 대규모 농장이 있습니다. 이러한 대규모 농장에서는 코코넛의 하얀 과육을 발라 내 햇볕에 말립니다. 말린 코코넛 과육은 '코프라'라고 부릅니다. 코프라는 냄새가 좋지 않습니다. 상한 기름 같은 냄새가 나지요. 햇볕에 말린 하얀색 코프라에는 실제로 기름이 들어 있습니다. 코프라를 압착기에 넣으면 기름이 짜여 나와요. 코프라에서 나온 질 좋은 기름은 한때 마가린의 재료로 사용했습니다. 그보다 덜 좋은 기름은 비누나 화장품의 재료로 사용합니다. 흔히 우리가 사용하는 비누에는 코코넛 기름이 들어 있습니다. 그러니 열대 지방의 키 큰 코코야자는 우리에게 중요한 나무입니다.

차와 설탕, 커피 <u>25</u>

저 머나먼 열대 지방에서 자라는 야자나무 말고도 스코틀랜드에서 일상적으로 사용하는 외국의 식물은 또 있습니다. 일단 거의 모든 사람이 아침에 마시는 음료로 시작해 볼까요. 바로 차입니다.

여러분은 차를 말린 작은 잎으로만 알고 있지요. 그 잎들이 애초에 어떻게 생긴 식물에서 온 것인지는 상상하기가 쉽지 않을 겁니다. 차는 사실 나무입니다. 하지만 차나무의 잎으로 훌륭한 음료를 만들 수 있다는 사실을 처음으로 발견한 중국인들은 차나무가 1m 이상 자라지 못하게 어린줄기의 가지를 다듬었습니다. 그래서 널따란 차밭에는 관목들이 자랍니다. 차나무들은 서로 1.2m 정도 떨어져서 자랍니다. 누군가는 차나무가 스코틀랜드의 정원에서 이따금 볼 수 있는 꽃식물인 동백나무의 사촌이라고 할 수도 있을 겁니다. 동백나무는 하얀색이나 빨간색 꽃을 피웁니다. 동백나무처럼 차나무도 하얀색이나 분홍색의 향기로운 꽃을 피우고 꽃이 진 자리에는 작고 둥근 열매가 맺혀요. 하지만 사람들이 차나무를 기르는 것은 꽃잎이나 열매가 아닌 잎 때문입니다. 하지만 모든 잎을 차로 만드는 것은 아닙니다. 새순 끝에 달린 여리고 작은 잎만 사용하지요. 이 작은 잎을 따는 일은 흔히 여성이 맡습니다. 대규모 농장에 가면 5~600명의 여성이 커다란 바구니를 지고 관목들 사이를 줄지어 지나가며 새잎을 따서 바구니에 던져 넣습니다. 작은 초록색 잎들은 수백 통에 달하는 바구니에 담겨 특별한 창고에 옮겨집니다. 창고에서는 사람들이 찻잎을 펼쳐서 말리고 발효시킵니다. 이렇게 발효된 찻잎에서는 특유의 맛과 향이 나지요. 찻잎이 검은색이나 짙은 갈색으로 바뀌는 것도 이 발효 단계에서입니다.

  차에 각성 효과가 있다는 사실(차를 마시면 더 깨어 있고 말도 많아집니다)은 중국인들이 처음으로 발견했습니다. 약 1,000년 전에는 중국의 황제와 신하들 가운데 현명한 사람들만 차를 마셨습니다. 차를 마시면 말이 많아질 텐데 그것이 쓸데없는 수다가 아니라 영리한 말이어야 한다고 여겼기 때문입니다. 하지만 차는 빠르게 퍼져 나중에는 온 나라 사람이 차를 마시게 되었습니다.

  어째서 사람들은 차를 마시면 더 깨어 있고 말이 많아질까요?

  그것은 찻잎에 약물이 들어 있기 때문입니다. 약물의 독성은 약하지만 그래도 독은 독입니다. 이 약물에 아주 약한 독이 들어 있는데도 사람들이 꺼리지 않는 이유는 각성 효과 때문입니다. 건강한 몸은 적은 양의 독은 이겨 낼 수 있거든요. 요즈음 마시는 차는 중국뿐만 아니라 스리랑카, 인도네시아, 케냐에서도 오고 인도 다르질링에서도 옵니다. 그러니 차를 마실 때면 차밭에 줄지어 늘어선 관목들 앞에서 등을 구부리고 종일 일하는 여성들을 생각해 주세요.

우리가 마시는 차는 저 동쪽, 아시아에서 자라는 식물에서 얻습니다. 반면에 차에 넣는 설탕은 지구의 반대편, 그러니까 저 서쪽의 아메리카 대륙 연안에 자리한 자메이카 섬에서 옵니다. 강이나 호수, 운하의 둑에 가면 갈대나 골풀이 자라는 것을 볼 수 있습니다. 갈대나 골풀은 줄기 속이 비어 있으며 잎의 끝이 뾰족하고 뻣뻣하지요. 이름하여 사탕수수는 이 골풀과 퍽 비슷하게 생겼습니다.

이제부터 아주 신기한 이야기를 하겠습니다. 거의 모든 식물은 단맛, 즉 당분을 만들어 냅니다. 벌이 꽃에서 모으는 아주 작은 꿀 방울도 일종의 당분이지요. 사과, 오렌지, 바나나 같은 과일에서 단맛이 느껴지는 것도 열매의 당분 때문입니다. 일부 식물은 당분을 꽃 속에 만들고(꽃꿀) 일부는 열매 속에 만듭니다. 사람의 몸에는 이렇게 꽃이나 열매에 든 당분이 가장 좋습니다. 우리가 가장 잘 소화할 수 있는 당분이거든요. 이 당분에는 글루코스(포도당)라는 특별한 이름이 있습니다. 열매에서 발견되는 '과일의 당분'은 과당이라고도 합니다.

다른 식물들은 당분이 꽃까지 가게 놔두지 않습니다. 꽃은 해의 손길이 닿는 곳, 해가 당분에 축복을 내려 줄 수 있는 곳이지요. 그 대신 이 식물들은 참나무나 자작나무처럼 자신이 가진 당분을 저 아래로 내려보내 줄기와 잎에 간직합니다. 사탕수수가 그렇습니다. 사탕수수는 단맛을 꽃이나 열매로 보내지 않고 줄기에 간직합니다. 어쩌면 여러분은 다른 식물이 꽃과 열매를 통해 당분을 자기 밖으로 내보낼 때 자기 혼자서만 당분을 간직하는 사탕수수를 이기적인 식물이라고 할지도 모르겠습니다. 그런데 이 두 번째 종류의 당분, 그러니까 '자당'이라 부르는 사탕수수의 당분은 소화가 잘되지 않습니다. 우리 몸의 건강에는 과당이 더 좋지요. 그다음으로는 당분을 뿌리에 간직하는 식물이 있습니다. 당근의 단맛도 당근이 가진 당분에서 나온 것입니다. 그리고 사람들은 사탕무로도 설탕을 만드는데 사탕무 역시 뿌리입니다. 비트가 뿌리인 것과 비슷하지요. 사탕무에는 당분이 가득합니다. 뿌리에서 나온 당분은 소화하기 가장 힘든 당분으로 우리 몸에 가장 나쁜 당분입니다.

하지만 열매에 든 당분은 충분하지 않습니다. 세계 사람들이 필요로 하는 만큼 충분히 많지 않다는 뜻입니다. 우리가 흔히 먹는 사탕수수에 든 당분은 열매에 든 당분 다음으로 좋은 당분입니다. 하지만 그저 뿌리에 든 당분밖에 구하지 못하는 나라도 많습니다.

자메이카에서는 대규모 농장에서 사탕수수를 재배합니다. 사탕수수는 성인 남성 키의 세 배가 넘는 6~7m 높이까지 자랍니다. 키가 이렇게나 큰 식물을 사람이 그 사이를 걸어 다닐 수 없을 만큼 바짝 붙여 기르지요. 그래서 사탕수수밭은 키가 큰 수풀이나 골풀이 자라는 숲처럼 생겼습니다. 사람들은 줄기들 사이의 빽빽한 잎 때문에 사탕수수 사이를 지나다닐 수가 없어요. 그래서 사탕수수가 다 자라면 사람들은 농장에 이상한 짓을 합니다. 사람들은 농장에 불을 지릅니다. 하지만 불이 꺼졌을 때 모든 것이 재가 되는 것은 아닙니다. 잎만 사라지고 줄기는 남아 있지요. 이때 일꾼들(보통 힘센 남자 어른들이지요)은 옛날 무사들이 쓰던 검 같은 기다란 칼을 들고 옵니다. 일꾼들은 이 칼로 사탕수수의 긴 줄기를 베어 쓰러뜨립니다. 일꾼들이 수수라고 부르는 긴 줄기들은 공장으로 옮겨집니다. 공장에서 무거운 롤러 사이에 수수를 넣어 으깨면 달콤하고 노랗고 냄새가 코를 톡 쏘는 액체가 짜여 나옵니다. 사탕수수의 달콤한 즙이지요. 사람들은 이 즙을 걸쭉한 시럽이 되고 결정이 생길 때까지 끓입니다. 이것을 기계에 넣어 당밀이라고 알려진 것과 결정(얼음 사탕)을 분리합니다.

  기계에서 추출된 이 얼음 사탕(빙당)은 누런빛이 도는 갈색을 띠는데 이것이 당분 본연의 색깔입니다. 예를 들어 황갈색 조당Demerara sugar은 본연의 색깔을 간직하고 있는 것이지요. 백설탕을 만들 때는 화학 물질이 사용됩니다. 가장 천연에 가까운 설탕은 갈색입니다.

  우리가 사용하는 설탕의 원재료는 자메이카에서 자라지만 사탕수수의 고향은 사실 자메이카가 아닙니다. 사탕수수는 인도에서 처음 재배되었습니다. 그러니 차에 설탕을 넣어서 마셨다면 여러분은 각각 인도와 아시아가 고향인 두 식물을 합쳐서 먹은 셈입니다.

  커피는 아프리카, 아랍, 인도, 중앙아메리카의 일부 지역에서 자라는 작은 나무에서 얻습니다. 커피나무는 딸기같이 빨간 열매를 맺습니다. 커피 열매 안에는 두 개의 씨앗이 들어 있는데 이 씨앗이 커피콩입니다. 커피콩은 원래 초록색이지만 볶으면 갈색을 띠고 커피 맛이 납니다.

음식은 아니지만 우리에게 대단히 중요한 또 다른 식물로 목화나무가 있습니다. 목화나무는 인도, 아프리카, 아메리카의 더운 나라에서 자랍니다. 관목이고 잎은 길쭉합니다. 영국에서 자라는 접시꽃의 사촌이지요. 목화나무는 빨간색이나 노란색 꽃을 피우는데 이 꽃이 진 자리에서 꼬투리라고 불리는 초록색의 둥근 열매가 열립니다. 그런데 목화나무의 열매는 익어도 나무에서 떨어지지 않습니다. 다 익은 목화나무 열매는 몸체가 벌어집니다. 그 안을 보면 길고 하얀 털로 씨앗이 뒤덮여 있지요. 이 하얀 털은 길이가 5~8cm에 이르는데 이것이 우리에게 그토록 중요한 목화입니다. 우리는 목화로 상처를 감싸는 탈지면을 만들고, 셔츠나 블라우스, 속옷, 이불, 식탁보 등의 재료인 면직물을 만듭니다.

아침에 일어나 치마나 셔츠를 입을 때, 차에 설탕을 넣어 마실 때, 여러분은 세계의 먼 나라에서 온 식물들의 씨앗과 줄기, 잎, 열매를 사용하는 것이지요.

풀과 곡물 26

　누군가는 나무와 꽃식물과 관목이 땅의 초록색 옷, 검은 땅을 덮어 주는 초록색 옷이라고 생각할지도 모르겠습니다. 그런데 식물 중에는 나무도 꽃식물도 관목도 아닌 것이 있습니다. 하지만 이 식물은 어쩌면 식물 중에서 가장 놀라운 식물일지 모릅니다. 이 식물은 바로 풀입니다. 풀은 초원과 들, 벌판에서 자라는 식물입니다. 헝가리의 푸스타, 아메리카의 대초원, 아프리카의 사바나, 아시아의 스텝 등 세계 곳곳에는 광활한 초원 지대가 있습니다. 초원과 들에서, 벌판과 너른 평원에서 자라는 풀은 동물의 피부를 뒤덮고 있는 털과 비슷합니다.

　여러분이 물리학 수업에서 배웠듯이 햇빛은 직선으로만 이동합니다. 태양 광선이 저 하늘에서 땅으로 내려오는 것을 떠올려 보세요. 땅은 직선으로 올곧게 자라는 풀잎을 올려보내 해에게 화답합니다.

　다른 식물들은 위로도(수직으로) 자라고 옆으로도(수평으로) 자랍니다. 이러한 식물들은 평평하고 넓은 잎들이 위로 자라거나 어딘가에 매달려 있지요. 이 식물들의 힘은 두 방향으로 갑니다. 줄기에서는 위로 가고, 가지와 잎에서는 옆으로 가지요. 그렇지만 풀에서는 모든 것이 위로만 이동하려고 합니다. 마치 식물 전체가 줄기만 되려고 하는 것 같지요. 하지만 풀에는 줄기도 있지만 잎도 있습니다. 다만 이 잎들은 잎자루를 줄기에서 뻗지 않습니다. 풀잎은 줄기에서 바로 자랍니다. 풀잎은 마치 칼집처럼 줄기를 감싸고 있으며, 잎의 끝부분만 줄기로부터 멀어집니다.

예를 들어 수련은 풀과는 정반대입니다. 수련의 납작하고 둥근 잎은 물에 둥둥 떠 있지요. 수련은 수직 방향으로는 전혀 힘이 없는 식물입니다. 수련은 그저 수평 방향으로만 뻗으려고 해요. 반면에 풀은 위로 향하는 창槍과 같습니다. 다만 마법의 창이지요. 저 혼자 힘으로 곧게 설 수 있으니까요.

풀은 또한 강인한 식물입니다. 겨울이 오면 나무나 야생 식물은 대개 성장을 멈추지만 풀은 그렇지 않습니다.(나무는 겨울에는 자라지 않습니다. 나무줄기를 베었을 때 단면에 나타나는 '나이테'를 보면 알 수 있지요) 풀은 일 년 내내 자랍니다. 겨울에는 좀 더 천천히 자라긴 하지만요. 그래서 잔디는 계속 다듬어 주어야 합니다. 풀을 막 다듬었을 때, 또는 건초를 막 베어 냈을 때 풍기는 내음을 떠올려 보세요. 그 풍부한 향에서 우리는 풀의 힘과 생기를 느낄 수 있습니다.

다른 식물들은 양방향으로 자랍니다. 수직으로도 자라고 수평으로도 자라지요. 하지만 풀은 오로지 위로만 자라려고 합니다. 식물 전체가 줄기가 되고자 해요. 또 다른 특이한 점은 풀은 색깔이 있는 꽃을 피우지 않는다는 것입니다. 다른 식물들은 아주 작은 꽃이라도 피웁니다. 참나무나 자작나무의 꽃차례도 그러한 예이지요. 하지만 풀은 꽃잎 자체가 없고 작고 마른 겉껍질만 있습니다. 다른 식물은 꽃을 피울 때, 풀은 초록색이나 갈색의 작은 겉껍질만을 만듭니다. 이 겉껍질에는 깃털같이 생긴 작은 암술머리와 가느다란 꽃실이 달린 수술만 있습니다.

다른 많은 식물은 과육이 풍부한 열매를 맺고 이러한 열매 속에 씨앗이 있지요. 하지만 풀은 씨앗만 만듭니다. 풀의 씨앗은 낱알이라고 부릅니다. 낱알은 과육이 풍부한 열매로 둘러싸여 있지 않습니다. 식물에게 색깔이 있는 꽃이나 과즙이 풍부한 열매가 없다면, 그 식물은 무언가가 부족한 셈입니다. 이것은 마치 다른 식물들은 가진 것을 이 식물은 포기한 것과 같지요. 다른 식물들이 아름다운 꽃과 둥근 열매를 맺기 위해 쓰는 모든 힘이 풀에서는 씨앗, 즉 낱알로 갑니다. 그 모든 힘이 낱알에 숨겨져 있습니다.

풀의 힘은 꽃을 통해 바깥으로 드러나지 않습니다. 열매를 통해 드러나지도 않습니다. 풀의 힘은 작은 낱알 안에, 씨앗 안에 응축되어 숨겨져 있습니다. 풀은 마치 이렇게 말하는 것 같습니다. "나는 아름다운 드레스 같은 꽃이나 단맛이 나는 열매를 통해 나 자신을 드러내고 싶지 않아. 나는 내 자식들, 내 작은 낱알들에게 내가 가진 모든 힘을 보내겠어. 내 자식들이, 내 작은 낱알들이 나처럼 곧고 바른 존재가 되도록 말이야."

풀이 낱알에 불어넣은 힘은 인간에게 대단히 중요합니다. 수천 년 전, 고대 페르시아 시대에, 또는 이른바 신석기 시대에 현명한 사람들은 일부 야생초에서 여러 종류의 곡식(밀, 보리, 귀리, 호밀 등)을 길러 내는 지식을 갖고 있었습니다. 오늘날에는 아무도 그 방법을 알지 못합니다. 하지만 모든 종류의 낱알은 이 현명한 사람들이 야생의 풀로부터 키워 낸 최초의 식물에서 유래했습니다. 이 낱알들은 빵을 비롯해 곡물 가루로 만드는 모든 것에 사용되지요. 우리는 흔히 아침 식사로 '시리얼'을 먹습니다. 식물학에서 시리얼, 또는 곡물은 요리에 사용하는 곡물 가루를 우리에게 주는 식물, 그러니까 낟알을 맺는 식물을 공통으로 이르는 이름입니다. 하지만 이 식물들은 각기 다른 종류의 풀입니다.

이 모든 낟알에 식물의 응축된 힘이 담겨 있습니다. 사람들은 방앗간에서 낟알을 갈아 가루를 냅니다. 각각의 낟알에는 새로운 식물로 자라날 힘이 들어 있습니다. 그리고 이것은 참으로 대단한 힘입니다. 밀과 보리는 꽃도 열매도 맺지 않으니까요. 그래서 빵이 그토록 영양이 풍부한 것입니다. 빵을 먹는 것은 곧 새롭고 반듯하고 똑바른 식물을 자라게 하는 힘을 먹는 것입니다.

세계의 여러 다른 지역에서는 많은 종류의 낟알과 곡물이 자랍니다. 아시아에서는 많은 사람이 벼를 재배합니다. 중국이 그러한 예입니다. 벼도 풀의 일종입니다. 서양에서 아메리카 원주민들은 옥수수를 심었고, 나중에 아메리카를 찾아온 유럽인들은 드넓은 밀밭을 만들었습니다. 그렇지만 아메리카의 곡물인 옥수수 역시 풀의 한 종류일 뿐입니다. 아시아에서 기르는 곡물과 아메리카에서 기르는 곡물의 차이점은 무척 흥미롭습니다. 아메리카에서 기르는 옥수수는 옥수숫대가 크고 낟알도 크고 둥급니다. 하지만 아시아의 벼는 낟알이 작습니다. 우리가 사는 스코틀랜드의 곡류인 밀과 보리의 크기는 그 중간입니다.

여러분은 이제 밀의 낟알에 대단한 힘이 들어 있다는 것을 알게 되었습니다. 그런데 시중에서 살 수 있는 빵은 대체로 낟알 전체를 써서 만들지 않습니다. 특히 흰 빵이나 흰 롤빵을 만들 때는 낟알이 지닌 성장의 힘 중 아주 적은 일부만을 가져다 씁니다.

하지만 여러분이 직접 통곡물을 구해서 빵을 굽는다면, 여러분은 땅과 해가 낱알에게 준 힘을 거의 온전하게 맛볼 수 있습니다.

우리가 먹는 음식 중에 곡물 가루가 들어가는 음식이 얼마나 많은지 생각한다면, 그리고 세상의 모든 식물 중에서도 반드시 풀이나 건초를 먹어야만 자랄 수 있는 동물로부터 우리가 먹는 모든 고기를 얻는다는 사실을 생각한다면, 풀은 우리에게 무엇보다 중요합니다. 풀, 가장 똑바른 식물인 풀은 저 위의 햇빛과 만나기 위해 위로 반듯하게 자랍니다.

잎과 꽃　27

　이제 여러분은 식물을 보고 어쩌면 꽃을 마음에 들어 하기도 하고, 어쩌면 그 식물이 인간에게 얼마나 유용한지 또는 얼마나 중요한지를 생각하기도 할 것입니다. 어쩌면 참나무의 강건함과 힘, 또는 자작나무의 날씬한 우아함을 느낄 수도 있겠지요. 어쩌면 풀의 수수함을 느낄 수도 있겠습니다. 풀은 예쁜 꽃을 피우려 하지 않고 위로 향하는 힘을 전부 씨앗에 불어넣습니다.

　하지만 식물의 내부에서 작동하는 놀라운 지혜를 발견하려면 여러분은 식물을 더 세심하고 면밀하게 살펴보아야 합니다. 어떤 식물은 여러 기다란 잎이 줄기의 밑동에서 한데 만납니다. 민들레가 그러한 예이지요. 이렇듯 땅을 뚫고 나온 자리에 기다란 잎들이 모이는 식물의 잎을 잘 살피면 중앙 안쪽으로 홈이 나 있습니다. 나아가 잎의 중앙에 홈이 있는 이런 식물은 항상 땅속으로 깊이 뻗어 내리는 기다란 단 하나의 뿌리를 갖고 있다는 것을 알게 될 것입니다.

　뿌리와 잎은 어떻게 연결되어 있을까요? 비가 오면 빗방울이 잎에 많이 떨어지지만, 식물은 잎으로 물을 흡수할 수 없습니다. 식물은 오로지 뿌리로만 물을 흡수할 수 있습니다. 잎에 빗방울이 뿌리 쪽으로 내려가게 안내하는 일종의 '홈통'이 있는 식물이 있습니다. 비트, 래디시(적환무), 순무의 잎이 그렇습니다. 빗물을 모아 하나뿐인 뿌리로 내려보내기 위해서이지요. 이러한 잎들은 뿌리를 위한 깔때기 역할을 합니다.

하지만 참나무 잎은 다릅니다. 참나무는 잎으로 떨어지는 빗물을 참나무 아래 땅바닥에 아무렇게나 떨어뜨립니다. 참나무에게는 이 방식이 적절합니다. 참나무의 뿌리는 줄기로부터 바큇살 모양으로 사방으로 펼쳐져 있기 때문이지요. 저 위에서 모은 물을 깔때기로 중앙의 뿌리로만 내려보내면 다른 뿌리들은 물을 얻지 못할 테니까요.

이렇듯 잎과 뿌리는 항상 서로에게 '꼭 맞는' 형태를 갖추고 있습니다. 물론 참나무나 순무는 뇌가 없습니다. 식물이 어떤 잎이나 뿌리가 가장 좋을지 스스로 '생각해 낸' 것은 아니라는 뜻이지요. 온 자연에서 작동하는 신의 지혜가 각각의 뿌리에 적합한 종류의 잎을 줍니다.

이제 중요한 질문을 만납니다. 어째서 식물들은 초록색 잎을 갖고 있을까요? 이 질문에 답하려면 여러분은 이미 알고 있는 두 가지를 기억하면 됩니다. 나무는 겨울에 자라지 않습니다. 아울러 우리는 잎나무는 겨울에는 잎이 달리지 않는다는 것 또한 알고 있습니다. 그렇다면 잎은 성장과 관계가 있는 것이 틀림없습니다.(전나무나 호랑가시나무 같은 늘푸른나무는 겨울에도 조금씩 자라긴 하지만 확실히 여름에 더 빨리 자랍니다)

식물이 자라는 것은 잎이 있기 때문입니다. 잎은 나무에 양분을 줍니다. 수액은 이 양분을 잎에서 줄기 그리고 가지로 전달합니다. 잎은 인간과 동물이 할 수 없는 일을 합니다. 잎은 공기로부터 양분을 만듭니다. 식물은 이 양분으로 자신의 몸을 만들고 성장합니다. 여름에 나무의 잎을 다 떼어 버리면 그 나무는 그냥 성장을 멈추는 데에서 그치지 않고 아예 죽고 맙니다.

그러니 식물의 초록색 잎을 볼 때는 잎이 그저 장식으로 달려 있다고 생각하지 말아야 합니다. 이 초록색 잎들은 사실상 일하고 있습니다. 잎들은 햇빛의 도움을 받아 공기로부터 양분을 모읍니다. 아주 적은 양이긴 해도 뿌리도 흙에서 양분을 끌어가고요. 뿌리는 식물에게 수분을 공급하고, 잎은 양분을 공급합니다. 초록색 잎들은 식물의 일꾼들입니다. 잎이 일하기 때문에 식물은 자랍니다.

이제 꽃을 볼까요. 꽃이나 꽃 속에 든 것들은 일하는 것과 아무런 관련이 없습니다. 꽃에서는 잎에서와는 다른 상황이 벌어집니다. 꽃 한가운데에는 작은 초록색 물병처럼 생긴 것이 있습니다. 이 작은 물병 안에는 아주 작은 씨앗들이 있습니다. 물병의 아랫부분을 우리는 씨방이라고 부릅니다. 하지만 씨방에 들어 있는 이 씨앗들만으로는 아무것도 자랄 수 없습니다.

여러분은 『잠자는 숲속의 공주』라는 동화를 알고 있지요. 이 공주는 왕자가 깨워 주어야 합니다. 씨방에 들어 있는 씨앗들은 '잠자는 숲속의 공주'와 같습니다. 씨앗들은 왕자가 오기를 기다려야 합니다. 씨방 주변에는 작은 막대들이 서 있고 이 막대들의 꼭대기에는 노란 가루로 뒤덮인 공이 올려져 있습니다. 이 노란 가루는 꽃가루입니다. 바로 이 꽃가루가 씨방 속의 씨앗들을 깨울 왕자입니다. 하지만 꽃가루는 물병(씨방)의 입구로 그냥 들어갈 수 없습니다. 예를 들어 만일에 이 꽃이 장미꽃이라면 꽃가루는 다른 장미꽃으로부터 와야 합니다. 똑같은 꽃에서 자란 꽃가루와 씨앗은 서로에게 소용이 없기 때문입니다. 바로 그래서 이 장미꽃에서 저 장미꽃으로, 이 튤립에서 저 튤립으로 꽃가루를 옮겨 줄 곤충이나 바람이 필요합니다. 바람과 곤충은 동화 속 왕자가 타고 다니는 말인 셈이지요.

한 장미꽃의 꽃가루가 다른 장미꽃의 작은 물병 입구에 다다릅니다. 꽃가루가 씨방의 관을 타고 내려가 씨앗들을 건드리면 씨앗들은 비로소 잠에서 깨어납니다. 그러면 이제부터 씨방 전체가 자라고 때가 되면 이 씨앗으로부터 새로운 장미가 자랍니다.

그러므로 초록색 잎에서 벌어지는 상황과 꽃에서 벌어지는 상황은 종류가 다릅니다. 초록색 잎이 일하는 것은 식물이 현재 상태를 유지하도록 만들기 위해서입니다. 초록색 잎은 식물에, 꽃을 포함해 식물을 구성하는 모든 부분에 양분을 줍니다. 반면에 꽃과 꽃가루 그리고 꽃 속의 씨방이 맡은 임무는 미래의 식물을 위한 준비입니다. 초록색 잎들은 현재의 식물을 먹이고 만듭니다. 꽃가루와 씨방은 미래의 식물을, 내년에 자랄 식물을 준비합니다. 색깔이 화려한 꽃잎도 역시 일을 하지 않습니다. 꽃잎들은 색깔과 꽃꿀로 나비나 벌 같은 곤충을 유혹해서 이 꽃에서 저 꽃으로 꽃가루를 옮기게 합니다.

잎, 꽃잎, 꽃가루, 씨방, 씨앗은 실제로 한 존재입니다. 이들은 하나의 식물입니다. 여러분의 팔과 다리가 각기 다른 일을 하지만 모두가 여러분의 일부인 것과 마찬가지입니다.

이제 벌집을 보겠습니다. 처음에 벌집은 식물과는 퍽 다르게 보일 것입니다. 하지만 사실 벌집은 식물과 비슷합니다. 여러분은 벌집이 식물과 비슷하다고는 꿈에도 생각하지 못하겠지만요. 벌집은 식물과 비슷하기도 하고 다르기도 합니다.

벌집에는 식량인 꿀을 벌집으로 구해 오는 일벌이 있는가 하면 일을 전혀 하지 않는 벌도 있습니다. 여왕벌은 일을 하지 않습니다. 여왕벌은 그 대신 알을, 작디작은 알을 낳지요. 여왕벌은 씨방과 비슷하고, 일을 하지 않는 다른 벌들(수벌)은 꽃가루와 비슷합니다. 모든 벌은 협력하기 때문에 벌집은 하나인 셈입니다. 그러니까 벌집은 하나의 식물과 비슷하지요. 벌과 식물은 서로에게 좋은 친구이고 서로를 돕습니다. 벌집은 공중에 떠 있는 식물로, 식물은 한자리에 고정된 벌로 비유할 수 있습니다.

꿀벌 28

어째서 벌과 식물이 서로에게 끌리는지 우리는 그 이유를 쉽게 알 수 있습니다. 벌들이 이루는 벌집 하나는 식물 한 그루와 비슷하기 때문입니다. 한 그루의 식물에서 잎과 뿌리, 꽃잎, 수술, 씨방은 어느 것이나 전체 식물을 구성하는 개별적인 부분에 지나지 않습니다. 여러분이 나무에서 한 장의 잎을 떼어 내면 그 잎은 죽고 맙니다. 마찬가지로 한 마리 벌은 오로지 벌집 전체를 위해 살고 벌집 전체를 위해 일합니다. 벌을 벌집과 분리하면 그 벌은 곧 죽고 맙니다. 이것은 우리 손에 달린 손가락들이 그 자체로는 아무것도 아닌 것과 같습니다. 손가락은 손의 일부일 때만 소용이 있습니다. 잎은 그 자체로는 아무것도 아닙니다. 잎은 나무의 일부로서 가지에 매달려 있을 때만 생명이 있고 소용이 있습니다. 벌 한 마리는 그 자체로는 아무것도 아닙니다. 벌 한 마리는 전체 벌집의 작은 일부분일 뿐입니다.

하지만 꽃은 자기 자신의 일부인 씨앗을 세상으로 내보내는 때가 있습니다. 씨앗은 반드시 떠나야 합니다. 그래야 새로운 식물이 자랄 수 있으니까요. 이와 비슷한 일이 벌집에서도 일어납니다.

초여름의 어느 날, 한 벌집에서 이상하고 들뜬 윙윙거림이 들려옵니다. 이 소리는 평상시에 벌들이 내는 부드럽고 만족스러운 윙윙거림과 다릅니다. 이날 그 벌집에 사는 벌들 중 많은 벌이 이사를 나갈 준비를 합니다. 벌집에는 약 8만 마리의 벌이 있으며 날마다 새로운 새끼 벌들이 알을 까고 나옵니다. 그러니 벌집은 갈수록 너무나 붐빕니다. 따라서 많은 벌이 이사를 나가야 하지요. 벌들이 들떠서 윙윙거리는 것은 그날이 이삿날이라는 뜻입니다. 이날은 벌들이 분봉分蜂하는 날입니다.

여러분은 벌집 밑바닥의 작은 구멍에서 벌이 끊임없이 줄지어 나오는 모습을 본 적이 있지요. 벌들은 엎치락뒤치락하며 서로를 밀칩니다. 그러다 불과 수초 만에 주변이 수천 마리의 벌로 가득해지지요. 벌들은 햇빛을 받으며 빠르게 빙글빙글 돕니다. 벌떼는 서로에게 밀착한 채 하나의 무리를 이루고 가까운 나무를 향해 마치 구름이 바람에 떠가듯이 서서히 이동합니다. 몇몇 벌은 힘이 엄청나게 세야 합니다. 처음에 무리를 이룬 벌들의 몸에 점점 더 많은 벌이 몰려와 매달리기 때문이지요. 이러한 무리 짓기는 결국에는 족히 5만 마리는 되는 벌들이 다 같이 윙윙거리는 하나의 커다란 무리가 되어 마치 한 몸인 듯이 나무에 매달릴 때까지 계속됩니다.

나뭇가지에 매달린 벌들은 대부분 일벌이지만 개중에는 수벌도 있습니다. 그리고 이 윙윙거리는 벌들의 무리 한가운데에는 여왕벌이 있습니다. 마침내 무리가 안정적으로 자리를 잡고, 낙오되어 있던 벌들까지 전부 모이면 벌들은 비로소 윙윙거림을 멈춥니다. 조용해진 벌떼는 거대한 황금 덩어리처럼 나뭇가지에 가만히 매달려 있습니다.

이때 벌 몇 마리가 무리에서 떨어져 나와 주변을 정찰합니다.

무리를 위한 새로운 집을 찾는 것이지요. 하지만 양봉가는 벌들이 멀리 떠나가기를 원하지 않습니다. 양봉가는 벌들이 오래된 여느 나무에 새로운 집을 만들기를 바라지 않습니다. 그래서 양봉가는 머리에 그물망을 뒤집어쓰고 가서 커다란 봉지를 나뭇가지에 매달린 무리 아래에 갖다 댑니다. 양봉가가 나뭇가지를 부드럽게 흔들면 수천 마리의 벌이 봉지 속으로 툭 떨어집니다. 양봉가는 미리 만들어 둔 새로운 벌집으로 이 봉지를 가져가 그 앞에서 흔듭니다. 그러면 벌들은 준비된 새집으로 재빨리 옮겨 갑니다. 양봉가는 일단 여왕벌(다른 벌보다 몸집이 큽니다)이 새 벌집의 작은 입구를 통과하는 것을 보고 나면 더는 걱정하지 않습니다. 다른 벌은 모두 여왕벌을 따라 새 벌집으로 쏟아져 들어갈 테니까요.

헌 벌집에서는 약 8만 마리의 벌이 살고 있었지만, 이제 그중 절반 이상이 여왕벌과 함께 새 벌집으로 옮겨 왔습니다. 이제 헌 벌집에는 2만~4만 마리 정도만 있으니 남은 벌들에게는 공간이 충분합니다. 헌 벌집에 남은 벌들에게는 이제 여왕벌이 없습니다. 여왕벌이 새 벌집으로 무리를 이끌고 떠났으니까요. 벌들은 여왕벌 없이 살 수 없으므로, 헌 벌집은 여왕벌 없이는 오래 유지될 수 없습니다. 하지만 헌 벌집의 벌들은 이 경우를 이미 대비해 두었습니다. 그들은 이삿날이 되기 두 주일 전에 특별한 방을 여러 개 만들고 거기에 알들을 놓아두었어요. 이 알 중 하나에서 젊은 새 여왕벌이 나올 것입니다. 이렇게 오래된 벌집은 새 여왕을 모시고 새 벌집은 오래된 여왕을 모시니 양쪽 다 만족스럽겠지요.

여왕벌은 중요합니다. 알을 낳기 때문이지요. 여왕벌은 알을 낳는 것 말고는 다른 일을 하지 않습니다. 하루에 대략 1,500개의 알을 낳으니까 여왕벌은 상당히 바쁘게 지내는 셈입니다. 여왕벌은 분봉하는 날에만 벌집 바깥으로 나갑니다. 그날만 빼면 평생 벌집 안에 머무르며 알을 낳지요. 벌의 알은 아주 작습니다. 길이가 1~2mm 정도밖에 되지 않지요. 벌집은 밀랍으로 된 수많은 육각형 방으로 이루어져 있습니다. 일벌이 방을 만들면 여왕벌은 이 방에서 저 방으로 옮겨 다니며 한 방에 하나씩 알을 낳습니다.

벌들은 이 밀랍이 어디에서 났을까요? 벌들은 꽃꿀에서 밀랍을 얻습니다. 꽃꿀에서는 꿀뿐만 아니라 밀랍도 얻을 수 있습니다. 하지만 여러분은 꽃꿀 한 방울을 아무리 자세히 살펴보아도 그 안에서 밀랍을 발견할 수 없을 겁니다. 일벌이 꽃에서 꽃꿀을 모아 오면 이 꽃꿀을 벌집의 다른 벌이 받아 갑니다. 이렇게 받아 온 꽃꿀은 대부분 벌집의 방에 저장되지만 그중 일부는 벌들이 바로 먹습니다. 그러면 벌 몸속의 작은 샘에서 밀랍이 분비됩니다. 그러니 이 벌들은 우리가 음식을 먹는 것과 같은 의미에서 꽃꿀을 먹는 것이 아닙니다. 꽃꿀이 그저 밀랍으로 바뀔 뿐입니다.

이렇게 꽃꿀을 밀랍으로 바꾸는 일을 맡는 특별한 벌이 있습니다. 그리고 이 밀랍을 가져다 작은 정육각형 방을 만드는 벌이 있는데 이 벌들은 그 방에 꽃꿀을 저장하고 여왕이 낳은 작은 알을 보관합니다.

벌들이 협력하는 모습은 참으로 경이롭습니다. 컴퍼스나 자, 기계를 쓰지 않고도 벌들이 작은 실수조차 없이 정확한 육각형을 만드는 모습도 마찬가지로 경이롭지요. 하지만 이것은 벌집이 품은 수많은 경이로움 중 그저 일부에 지나지 않습니다.

벌집 **29**

여왕벌은 규칙적으로 배열된 정육각형 방에 알을 낳습니다. 일벌이 이 방들을 만들었지요. 알은 각각의 방에 가만히 놓여 있습니다. 그렇게 사흘이 지나면 알껍데기가 깨지고 도저히 벌처럼 보이지 않는 어떤 것이 모습을 드러냅니다. 그것은 작디작은 하얀 애벌레입니다. 나비에게 애벌레가 있듯이 벌에도 애벌레가 있습니다. 이 벌레는 벌의 애벌레입니다.

여왕벌은 이 어린 애벌레들에게 먹이를 주거나 돌보지 않습니다. 여왕벌이 하는 일은 그저 알을 낳는 것뿐입니다. 애벌레들을 돌보는 특별한 일을 맡은 벌이 따로 있습니다. 작은 애벌레들은 먹이를 스스로 구할 수 없으므로 양육을 맡은 일벌이 애벌레들에게 먹이를 줍니다.

벌의 애벌레는 엿새 동안 유모 벌에게 먹이를 받아먹고 나면 나비의 애벌레와 똑같은 일을 합니다. 벌의 애벌레도 번데기로 변합니다. 열이틀 동안 번데기는 작은 밀랍 방에 마치 죽은 듯이 가만히 있지요. 그렇게 열이틀이 지나면 번데기가 갈라지면서 작은 벌이 나옵니다. 그러니까 여왕벌이 알을 낳은 지 정확히 3주, 즉 스무하루가 지나 벌이 생기는 것입니다.

작은 벌은 사흘 동안 벌집의 바쁜 생활에 익숙해지는 시간을 갖습니다. 그리고 나흘째 되는 날 이 벌 역시 일벌이 됩니다. 이 어린 벌에게 이제부터 무엇을 해야 할지, 그것을 어떻게 하는지, 언제 해야 하는지는 아무도 따로 일러 주지 않습니다. 과학자들이 벌들을 주의 깊게 지켜보았지만 나이 든 벌들이 일을 멈추고 어린 벌들과 시간을 보내는 모습을 전혀 관찰하지 못했습니다. 나이 든 벌들은 그저 자기 할 일을 하느라 바쁩니다. 어린 벌들은 자기가 해야 할 일을 이미 알고 있고요. 벌들에게는 학교가 없습니다. 벌들은 배우지 않아도 알아야 할 것을 이미 다 알고 있습니다.

어린 벌은 빈방으로 가서 방에 먼지나 흙이 남아 있지 않도록 안을 치웁니다. 벌들은 아주 깨끗한 생명체여서 벌집에 먼지가 조금도 남지 않게 하지요.

이틀간 청소를 한 어린 벌은 유모 벌이 됩니다. 꿀이 저장된 방으로 가서 먹이를 가져다 애벌레에게 먹입니다. 이 일을 열이틀 동안 하고 나면 어린 벌은 이제 또 다른 일을 할 때라는 것을 스스로 압니다. 어린 벌은 밀랍을 만듭니다.

밀랍 만들기를 마친 어린 벌은 벌집을 떠나 첫 비행을 합니다. 처음에는 머리를 벌집 쪽으로 향한 채 작은 동그라미를 그리며 그저 주변을 빙글빙글 돌기만 하지요. 집이 보이지 않으면 길을 잃을까 봐 두려워하는 것처럼요. 이렇게 며칠간의 연습을 마친 벌은 이제 꽃꿀을 모으기 위해 긴 비행을 떠날 준비가 되었습니다.

벌에게는 끈끈한 액체인 꽃꿀을 옮겨 담을 봉지나 상자가 없습니다. 대신에 벌은 음식을 먹을 때 쓰는 위 말고 특별한 위를 하나 더 갖고 있습니다. 이것이 특별한 봉지가 됩니다. 벌은 꽃에서 수집한 꽃꿀을 이 특별한 위에 담습니다. 이 위가 꽉 차면 벌집으로 돌아가 이 두 번째 위를 비워요. 그러면 다른 벌이 이 꽃꿀을 방에 저장합니다. 수집 벌은 다시 꿀을 찾아 날아가지요.

한 벌이 같은 벌집의 벌들이 놓친 과수원을 먼저 발견하면, 그 벌은 재미있는 방법을 써서 동료 벌들에게 저기에 풍성하고 귀한 꽃꿀이 그들을 기다리고 있다고 알립니다. 벌에게는 언어가 없습니다. 목소리도 없지요.(우리 귀에 들리는 윙윙 소리는 벌의 날개에서 나는 소리일 뿐이며 이 소리로 다른 벌에게 무언가를 알리지 못합니다) 과수원을 발견한 벌은 몸속의 특별한 봉지에 꽃꿀을 가득 채워 벌집으로 돌아간 다음 벌집 위에서 춤을 춥니다. 벌은 한 방향으로 원을 그리고 이어서 다시 반대 방향으로 곡선을 그린 다음 엉덩이를 흔들지요. 다른 벌들은 이 '춤'을 보고 그 과수원에 가는 방법을 아는 것으로 보입니다. 이 춤을 본 다른 벌들이 하나같이 한껏 들뜬 모습으로 그 과수원이 있는 방향으로 날아가기 때문이지요.

일벌이 맡는 또 다른 임무가 있습니다. 몇몇 일벌은 벌집 입구에서 보초를 서야 합니다. 이 일벌은 벌집으로 들어오는 벌이 자기네 벌집에 속한 벌인지 아닌지 확인하려고 머리에 달린 작은 더듬이(촉수)를 다른 벌에게 일일이 갖다 댑니다. 간혹 남의 벌집에 몰래 들어가 꿀을 훔치는 도둑벌과 말벌이 있기 때문이지요. 보초 벌은 침입자를 발견하면 곧바로 날카로운 독침을 쏘아 죽입니다. 벌이 침을 쏘는 것은 자기 자신의 목숨을 버리는 것입니다. 벌은 침을 쏘면 죽습니다.

벌집에는 신선한 공기가 들어와야 합니다. 우리가 머무는 방에 신선한 공기가 필요한 것처럼요. 그런데 벌집은 창문이 없습니다. 벌이 드나드는 작은 구멍이 있을 뿐이지요. 그래서 벌집의 입구 주변에서는 항상 일벌 몇 마리가 벌집 안으로 신선한 공기가 계속 들어가도록 날개를 환풍기 삼아 파닥이는 일을 합니다.

벌집 내부의 온도를 일정하게 유지하는 일도 중요합니다. 여름에는 너무 더워져도 안 되고 겨울에는 너무 추워져도 안 됩니다. 벌집의 온도는 우리 몸의 온도와 마찬가지로 언제나 같게 유지됩니다. 사실 벌집의 온도는 실질적으로 인간의 체온과 같은 37℃랍니다. 우리가 젖은 손을 공기 중에 내밀면 시원한 느낌이 들거나 목욕을 마치고 밖으로 나오면 추운 느낌이 드는 것은 우리 몸의 수분이 증발하면서 몸의 온기를 빼앗아 가기 때문입니다. 우리가 더울 때 땀을 흘리는 것도 바로 그런 이유에서입니다. 수분의 증발을 통해 체온을 낮추는 것이지요.

여름에 벌집 내부가 더워지면 벌들은 벌집 안으로 물을 가져가 벽에 뿌립니다. 벌들은 벌집 안에서 물을 증발시킴으로써 벌집 내부의 온도를 떨어뜨립니다. 벌들은 땀을 만들기 위해 물을 벌집에 가지고 들어가는 것입니다. 우리가 피부 밖으로 땀을 흘린다면 벌집은 안으로 땀을 흘리는 셈입니다.

겨울에 날씨가 너무 추워지면 벌들은 벌집의 한가운데에 모여 서로 꼭 붙어 있습니다. 바깥쪽 벌들은 더듬이를 흔들고 날개를 파닥이며 등을 꿈틀댑니다. 사람이 팔을 움직이면 몸이 더워지듯이 벌도 몸을 움직이면 더 따뜻해집니다. 그러면 벌집 안의 공기도 더 따뜻해지지요.

벌이 하는 이 모든 다양한 일을 생각해 봅시다. 벌은 청소하고, 애벌레를 돌보고, 밀랍과 밀랍 방을 만들며, 꽃꿀을 수집하고, 방에 꽃꿀을 저장하고, 벌집을 지키고, 벌집에 신선한 공기를 들이기 위해 날개를 파닥이며, 날씨가 더우면 물을 뿌리고 추우면 공기를 덥힙니다. 벌은 이 모든 일을 돌아가며 합니다. 모든 벌은 자신이 어느 때 어떤 일을 해야 하는지 정확히 알고 있습니다. 누가 이 일을 하고 누가 저 일을 할지를 두고 절대 서로 다투지 않습니다. 일을 마지못해 하거나 대충대충 하는 법도 없지요. 벌은 참으로 경이롭게도 이 모든 일을 어떻게 하는지 잘 알고 있습니다.

꿀벌과 인간 30

　　벌집에서 벌이 하는 그 모든 다양한 일을 생각해 보세요. 벌집에 사는 4만여 마리의 벌이 자신이 각자 무슨 일을 언제 어떻게 해야 할지 잘 알고 있다는 점을, 그리고 그 많은 벌이 여러 가지 임무를 하나씩 차례차례 해 나간다는 점을 생각해 봅시다. 만일에 모든 벌이 자기가 할 일을 각자 결정한다면 이러한 질서는 불가능하리라는 것을 여러분은 알 수 있을 겁니다. 이 모든 일이 제때 처리될 수 있는 것은 벌집의 모든 벌을 안내하는 뛰어난 정신이 있기 때문입니다.

　　그것은 모든 벌을 안내하고 조정하는 더 높은 차원의 정신입니다. 이 정신은 모든 일이 올바른 시간에 올바른 장소에서 처리

되었는지 지켜봅니다. 이 일 또는 저 일을 어느 벌이 맡을 차례인지도 알고 있지요. 이 한층 더 높은 차원의 정신은 벌들의 내면에 있다고 말할 수는 없습니다. 왜냐하면 한 마리의 벌은 그 자체로는 그리 똑똑하지 않기 때문이지요. 우리는 그저 이 한층 더 높은 차원의 정신이 모든 벌의 위에서 맴돌며 각자 할 일을 하게 만든다고만 말할 수 있겠습니다.

그러나 사람은 다릅니다. 우리는 학교에서 하루를 시작할 때 낭송하는 아침 시에서 "사람은 혼 안에 영의 보금자리를 마련합니다.Where man in soul creates A dwelling for the soul."라고 말합니다. 우리는 우리를 안내할 정신을 각자의 영혼 안에 갖고 있습니다. 우리를 안내하는 정신은 우리의 바깥에서 맴돌지 않습니다. 우리 각각은 모든 사람을 조정하는 하나의 정신이 아니라 우리 각각을 안내하는 각각의 정신을 갖고 있습니다. 따라서 우리는 벌보다 더 많이 압니다. 우리는 우리의 외부가 아닌 내면에 각각의 정신을 갖고 있기 때문입니다. 그럼에도 우리는 벌에게서 배울 점이 있습니다. 협력하는 법을 비롯해 시기심이나 질투심 또는 욕심 없이 함께 일하는 방법을 벌에게서 배울 수 있습니다.

여러분도 알고 있듯이 벌은 세 종류가 있습니다. 여왕벌, 수벌, 일벌이지요. 하지만 여왕벌이 낳는 알의 종류는 두 가지뿐입니다. 한 종류에서는 수벌만이 태어납니다. 나머지 한 종류에서는 일벌이나 여왕벌이 태어납니다. 알에서 막 태어난 작은 애벌레들은 서로 구분이 되지 않습니다. 애벌레들에게 먹이를 주는 벌은 유모 벌입니다. 어느 애벌레에게 어떤 먹이를 줄지에 대한 선택권이 유모 벌에게 있습니다.

유모 벌이 주는 먹이 중에는 일단 우리가 로열 젤리라고 부르는 우유처럼 진하고 달콤한 액체가 있습니다. 유모 벌은 자신의 머리 안에 있는 특별한 샘으로 이 로열 젤리를 만듭니다. 유모 벌이 주는 또 다른 먹이로는 꽃가루와 꿀을 섞어서 만든 혼합물이 있습니다. 벌은 꽃에서 돌아올 때 이따금 노란색 바지를 입고 있는 듯이 다리에 꽃가루를 많이 묻혀 옵니다. 벌집에서 기다리던 벌은 다른 벌이 밖에서 묻혀 온 꽃가루를 꿀과 섞어 만든 혼합물을 만들고 이것을 방에 보관해 둡니다. 이 혼합물은 '벌떡'이라고 알려져 있지요.

유모 벌은 여왕벌로 만들고 싶은 애벌레에게 오로지 로열 젤리만을 먹입니다. 그렇게 닷새나 엿새가 지나면 이 애벌레는 번데기가 됩니다. 그리고 작은 고치로 스스로를 감쌉니다. 이 고치에서 여왕벌이 나옵니다. 그러니까 애벌레를 여왕벌로 변신시키는 것은 로열 젤리입니다.

이러한 일은 일 년에 딱 한 번, 벌집에 새 여왕벌이 필요해지는 분봉 직전 또는 여왕벌이 죽기 직전에만 일어납니다. 벌집에 가장 많이 필요한 벌은 일벌입니다. 일벌이 될 애벌레는 태어나서 첫 사흘 동안만 로열 젤리를 먹습니다. 그 뒤로는 벌떡을 먹지요. 애벌레는 작은 고치가 되고, 다시 시간이 지나면 고치에서 일벌이 나옵니다.

벌집에는 수벌도 필요합니다. 여왕벌은 수벌 없이는 알을 낳을 수 없습니다. 유모 벌이 수벌을 만들 때는 애벌레에게 주로 벌떡만 먹입니다. 수벌이 될 애벌레는 세 종류의 벌 중에서 로열 젤리를 제일 조금 먹어요. 이 애벌레의 고치에서는 둥근 수벌이 나옵니다. 수벌은 벌침이 없고 일을 하지 않습니다. 기억하겠지만 수벌은 식물의 꽃가루와 비슷합니다. 그러니 꽃가루와 꿀을 뒤섞은 혼합물을 주로 먹고 자란 애벌레가 수벌이 되는 것은 그리 놀라운 일이 아니겠지요.

꽃가루가 씨앗에 닿으면, 그러니까 '가루받이(수분)'가 이루어지면, 어떤 일이 벌어졌는지 다시 기억해 봅시다. 꽃잎이 떨어집니다. 이어서 꽃가루를 얹고 있던 작은 줄기, 즉 수술이 떨어집니다. 이제 혼자 남은 씨방은 무럭무럭 자라서 마침내 씨가 든 열매가 됩니다. 사과는 씨방이 아주 크게 자란 것에 지나지 않습니다. 씨방만이 혼자 남아 자라고, 꽃잎과 수술은 식물에서 떨어져 나가 죽음을 맞습니다. 수벌은 수술과 꽃가루와 비슷합니다. 수벌 역시 죽음을 맞습니다.

식물에서 꽃잎과 수술이 떨어지는 이유는 초록색 잎이 그들에게는 더는 양분을 보내지 않기 때문입니다. 벌집에서도 같은 일이 벌어집니다. 가을이 지나 겨울이 다가올 즈음 모든 벌을 안내하는 위대한 정신은 일벌들에게 수벌에게는 더는 먹이를 주지 말라고 말합니다. 그동안 수개월에 걸쳐 수벌들에게 먹이를 주던 일벌들은 이제 수벌들에게 먹이를 주지 않습니다. 수벌들은 결국 겨울이 오기 전에 전부 죽습니다. 수벌들은 스스로는 먹이를 구할 수 없습니다. 수벌들은 꽃꿀을 수집할 수 없고 방에 저장된 꽃꿀을 가져다 먹을 수도 없습니다.

수벌들이 죽는 것은 벌집으로서는 어쩔 도리가 없습니다. 방에 저장된 꿀은 겨울이 끝날 때까지 일벌과 애벌레와 수벌을 전부 먹여 살리기에는 부족합니다. 수벌들은 벌집을 위해 죽음을 맞이합니다.

벌들은 밖에서 꽃꿀을 구할 수 없는 겨울을 나기 위해 꿀을 저장해 둡니다. 양봉가가 꿀을 몽땅 가져가고 아무 조치도 취하지 않으면 벌들은 전부 굶어 죽고 맙니다. 벌들은 꿀을 필요한 양보다 넉넉하게 만들기 때문에 양봉가는 벌들을 해치지 않고도 여분의 꿀을 가져갈 수 있습니다. 이따금 양봉가는 꿀을 전부 가져가고 그 대신 설탕물을 벌집에 가져다 놓습니다. 설탕물은 꿀만큼 영양이 풍부하지는 않지만, 꽃꿀을 수집할 수 있는 봄이 돌아오기 전까지 벌들은 설탕물을 먹으며 지낼 수 있습니다.

고대 그리스인들은 존경 어린 시선으로 벌들을 바라보았습니다. 고대 그리스인들은 벌이 벌집에서 날아가 꽃꿀을 수집한 뒤 그 달콤한 보물을 가득 싣고 벌집으로 돌아가는 모습을 지켜보았습니다. 그들은 이렇게 말했습니다. "벌집이 벌의 집이듯 천상의 왕국은 인간 영혼의 진정한 집이다." 우리는 천상의 왕국에서 왔으며 죽으면 그리로 돌아갑니다. 그러나 우리는 천상에 빈손으로 돌아가지 않습니다. 우리는 이 모든 경험, 우리가 삶에서 배운 이 모든 경험을 갖고 돌아갑니다. 벌이 벌집에 꽃꿀을 가득 싣고 돌아가듯 우리는 삶이 우리에게 가르친 것을 가득 싣고 돌아갑니다. 벌이 새로운 꽃꿀을 찾아 다시 날아가듯 영혼도 새로운 경험을 찾아, 더 많이 배우기 위해 다시 땅으로 올 것입니다. 그렇기 때문에 고대 그리스인들은 "인간의 영혼은 꿀벌과 비슷하다."라고 말했지요.

고대 그리스에는 그리스인들이 특별히 경외하고 존경하며

받드는 신전들이 있었습니다. 이러한 신전에는 남성 사제 대신 결혼을 하지 않은 여성 사제들이 있었습니다. 이 신성한 여성 사제는 '멜리사'로 불렸습니다. 꿀벌이라는 뜻이지요. '멜리사'는 꽃꿀을 가득 싣고 벌집으로 돌아가는 벌처럼, 풍부한 지혜와 지식을 쌓아 천상으로 돌아갈 인간의 영혼을 의미합니다.

다양한 쓰임새가 있는 식물들

함께 읽으면 좋은 ──
푸른씨앗 책

발도르프학교의 미술 수업_ 1학년에서 12학년까지
마그리트 위네만 · 프리츠 바이트만 지음 | 하주현 옮김

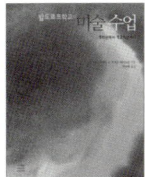

독일 발도르프학교 연합 미술 교사 세미나에서 30년에 걸쳐 연구한 미술 교과 과정 안내서. 담임 과정(1~8학년)을 위한 회화와 조소, 상급 과정(9~12학년)을 위한 흑백 드로잉과 회화, 그리고 괴테의 「색채론」을 발전시킨 루돌프 슈타이너의 색채 연구를 만날 수 있다.

188×235 | 272쪽 | 30,000원

발도르프학교의 수학_ 수학을 배우는 진정한 이유
론 자만 지음 | 하주현 옮김

1학년부터 8학년까지 아이 발달 단계와 수업 과정을 소개하며 아이들이 수학에 대한 흥미를 잃지 않으면서 '수학을 배우는 진정한 이유'를 찾아간다. 40년 동안 발도르프학교에서 수학을 가르친 저자가 수학의 재미를 찾아 주는, 통찰력 있고 유쾌한 수학 지침서

165×230 | 400쪽 | 25,000원 e북

살아있는 지성을 키우는 발도르프학교의 공예 수업
패트리샤 리빙스턴 · 데이비드 미첼 지음 | 하주현 옮김

1~12학년까지 전 학년에 걸친 공예 수업의 의미와 실천 방법을 만나 본다. 30년 가까이 아이들을 만난 공예 교사의 통찰에서 명확하면서 상상력이 풍부한 사고를 키우는 공예 수업을 경험할 수 있다.

150×193 | 308쪽 | 25,000원

발도르프학교의 형태그리기 수업 + 형태그리기 1~4학년 세트
한스 루돌프 니더호이저 · 마가렛 프로리히 지음 | 푸른씨앗 옮김
에른스트 슈베르트 · 로라 엠브리 - 스타인 지음 | 하주현 옮김

'형태그리기'는 아이들의 생명력, 사고력, 의지력을 키우기 위해 발도르프 교육에서 새롭게 제안하는 교과목이다. 루돌프 슈타이너가 여러 교육학 강의에서 설명한 내용을 모은 책과 발도르프 교사 연수에서 진행된 수업 예시 모음 책 두 권

210×250 | 2권 세트 | 16,000원

맨손 기하_ 형태그리기에서 기하 작도로
에른스트 슈베르트 지음 | 푸른씨앗 옮김

현대 수학 교육에서 소홀히 다루고 있는 기하 수업의 중요성을 일깨우는 책. 3차원 공간을 파악하기 시작하는 4~5학년에서 원, 삼각형, 사각형 등 형태의 특징을 알아보며, 서로 어떤 관계가 존재하는지 찾는다.

210×250 | 104쪽 | 15,000원

투쟁과 승리의 별, 코페르니쿠스
하인츠 슈폰젤 지음 | 정홍섭 옮김

7학년 아이들이 천문학 수업을 시작하며 만나는 인물 코페르니쿠스의 전기 소설. 교회의 오래된 우주관과 경직된 천문학에 맞서 혁명을 실현한 인물의 일생이 15세기의 유럽 모습이 담긴 삽화, 발도르프학교 학생 공책과 함께 아름답게 수놓아져 있다.

140×200 | 236쪽 | 12,000원

청소년을 위한 발도르프학교의 연극 수업
데이비드 슬론 지음 | 이은서·하주현 옮김

연극은 청소년들의 상상력을 살아 움직이게 한다. 예술 작업인 동시에 공동체를 향한 사회성 훈련이기도 하다. 연극 수업뿐 아니라 배움을 시작할 때 학생들을 도와주는 활동 73가지도 소개한다.

150×193 | 308쪽 | 18,000원　＃『무대 위의 상상력』 개정판

배우, 말하기, 자유
피터 브리몬트 지음 | 이은서 · 하주현 옮김

연극을 위해 인물 분석에 몰두하기보다 인물의 '말하기' 속에 있는 역동을 느끼고 훈련하는 것이 중요하다. 그리스 5종 경기, 루돌프 슈타이너가 제안하는 6가지 기본 자세 등 움직임 이론과 적용을 위한 연습 30가지를 담았다.

118×175 | 282쪽 | 15,000원

청소년을 위한 발도르프학교의 문학 수업_ 자아를 향한 여정
데이비드 슬론 지음 | 하주현 옮김

청소년기에 내면에서 죽고 태어나는 것은 무엇인가? 상급과정(9~12학년) 아이들의 의식 변화를 살펴보고, 고뇌와 소외감에서 벗어나 자아를 탐색하는 청소년기의 여정에 힘이 되어 주는 문학 작품을 소개한다.

150×193 | 288쪽 | 20,000원

파르치팔과 성배 찾기
찰스 코박스 지음 | **정홍섭** 옮김

발도르프학교 9학년 문학 수업을 통해 만나는 '파르치팔' 이야기. 내가 누구인지, 어떤 사람인지, 이 세상에서 해야 할 일이 무엇인지, 그래서 나는 무엇을 하고 있는지? 학생들은 '파르치팔' 수업을 통해 삶에 필요한, 자신의 개별적인 성배 찾기를 경험하게 될 것이다.

150×220 | 232쪽 | 14,000원
　　　　　　　　　　　　　　　　eBook 오디오북

오드리 맥앨런의 도움수업 이해
욥 에켄붐 지음 | **하주현** 옮김

학습에 어려움을 겪는 아이들을 돕는 일에 평생을 바친 영국의 발도르프학교 교사 오드리 맥앨런의 「도움수업The Extra Lesson」 개념을 풀어낸 책. 도움수업의 토대가 되는 인지학의 기본 개념과 저자의 수업 경험을 함께 소개한다.

150×193 | 330쪽 | 25,000원
　　　　　　　　　　　　　　eBook

8년간의 교실 여행_ 발도르프학교 이야기
토린 M. 핀서 지음 | **청계자유발도르프학교** 옮김

담임 과정(1~8학년) 동안 교사와 아이들이 함께 성장한 과정을 담은 감동 에세이. 한국에서 첫 발도르프학교를 시작하며 함께 공부하고 번역한 것으로 푸른씨앗의 첫 번째 책이기도 하다. 교육 현장의 변화를 꿈꾸는 모든 분에게 권한다.

150×220 | 264쪽 | 14,000원
　　　　　　　　　　　　　　eBook

12감각_ 루돌프 슈타이너의 인지학 입문
알베르트 수스만 강의 | **서유경** 옮김

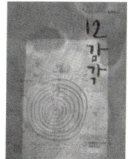

발도르프 교육을 창시한 루돌프 슈타이너는 인간의 감각을 12개로 분류한다. 12개의 감각은 육체감각, 영혼감각, 정신감각으로 나눌 수 있다. 네델란드의 의사인 저자가 쉽게 설명한 인간의 12감각에 대한 6일간의 강연록

150×193 | 392쪽 | 28,000원

발도르프학교의 아이 관찰
_ 6 가지 체질 유형 | **미하엘라 글렉클러** 강의 | **하주현** 옮김
_ 학교 보건 문제에 관한 루돌프 슈타이너와 교사 간의 논의 | **최혜경** 옮김

학령기 아이들의 6가지 체질 유형을 소개하고, 체질에 따라 도움이 되는 교육과 의학 차원의 치유 방법을 제시한다. 전 세계 발도르프 교사, 의사, 치료사들을 대상으로 한 강의록과 루돌프 슈타이너와 교사회 간의 기록을 함께 묶었다.

105×148 | 188쪽 | 12,000원

사춘기_ 자아를 만나는 신성한 여정
베티 스텔리 지음 | **하주현** 옮김

11세부터 21세까지 변화를 겪는 사춘기 아이들의 영혼을 중세 전설 <파르치팔> 이야기를 따라가며 만나 본다. 사춘기 3단계를 거치는 동안 청소년들의 생각, 느낌, 행동은 성숙하고 책임 있는 어른의 상태로 다듬어진다. 5학년 이상 청소년기 자녀를 둔 부모나 교사가 모여 함께 읽으면 좋은 책

140×200 | 426쪽 | 25,000원

7~14세를 위한 교육 예술
루돌프 슈타이너 강의 | **최혜경** 옮김

루돌프 슈타이너의 생애 마지막 교육 강의. 최초 발도르프학교에서 조망한 경험을 바탕으로, 7~14세 아이의 발달 변화에 맞춘 혁신적 수업 방법을 제시한다. 생생한 수업 예시와 다양한 방법으로 교육 예술의 개념을 발전시켰다.

127×188 | 280쪽 | 20,000원
e북

청소년을 위한 교육 예술
루돌프 슈타이너 강의 | **최혜경** 옮김

14, 15세 무렵 아이들에게 나타나는 전형적인 특성을 인지학적으로 고찰하고, 지금까지와는 다른 수업 방식을 찾아야 한다고 역설한다. 모든 감각이 세상을 향해 열려 있는 청소년에게는, 내면에 활기찬 느낌이 가득 차도록 수업을 해야 한다고 강조하고 있다.

127×188 | 268쪽 | 20,000원
e북

인간에 대한 앎에서 나오는 교육과 수업
루돌프 슈타이너 강의 | **최혜경** 옮김

첫 번째 발도르프학교 교사 연수를 보충하기 위해 1920~1923년까지 진행한 9편의 강의. 명상적 인간학이라고도 부르는 첫 네 편의 강의는 생후 첫 7년의 신체 형성과 이후 교육에서 중요한 역할을 하는 세 가지 힘의 작용을 설명한다.

127×188 | 292쪽 | 20,000원

푸른씨앗은 콩기름 잉크로 인쇄하여 책을 만듭니다.

겉지   한솔제지 인스퍼 에코 222g/m^2
속지   전주 페이퍼 Green-Light 80g/m^2
인쇄   (주) 도담프린팅 | 031-945-8894
글꼴   마루부리 미디엄 11pt /18
책 크기 150×193

이 책의 표지에는 〈제주 돌담〉, 내지에는 〈마루부리 미디엄,해파랑,아리따 돋움, Berlin Sans FB,제주 돌담〉 서체를 사용했습니다.